林直人●著
高詹燦●譯

# 0接觸行銷術

## 活用YouTube、Amazon、Google三大平台，不用交際、不拉業務也能賺進大把訂單

目次

## 第1章 「0接觸行銷術」的心法

### 什麼是「討厭與人接觸」？

# 什麼是「行銷」？

## 待在家中不出門如何做「0接觸行銷術」，顧客還會不斷自行聚集過來呢？

## 如何想出「不碰面就能賺錢的生意」



## 來試著做「不碰面就能賺錢的生意」實驗吧

## 擴大「不碰面就能賺錢的生意」的方法

## 第2章 「0接觸行銷術」的實踐

### YouTube、Amazon、Google、社群平台、Google Ads，哪個最能賺到錢？

## 如何運用「YouTube」打造「不碰面也能賺錢的生意」



## 如何運用「Amazon」打造「不碰面也能賺錢的生意」

## 如何運用「Google」打造「不碰面也能賺錢的生意」

## 如何運用「Google Ads」打造「不碰面也能賺錢的生意」

## 第3章 「0接觸行銷術」的實例

### 外包的「0接觸行銷術」，以資產運用的觀點來看，也算是高獲利

## 為了不用工作也能養活自己，要懂得分辨誰能勝任必做不可的工作

# 為什麼現在「0接觸行銷術」很重要？

## ～代替「結語」～

# 第1章

# 「0接觸行銷術」的

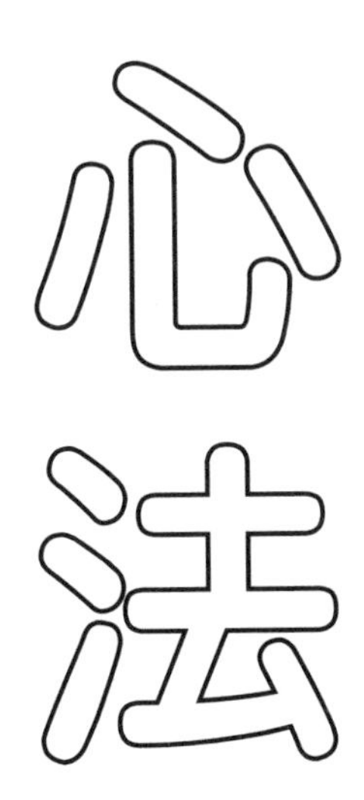

# 什麼是「討厭與人接觸」？

## 雖然我並不討厭正在看這本書的你……

我並不討厭正在看這本書的你。甚至覺得，如果是在Twitter或Zoom上面聊天的話，正讀著這本書的你，應該能和我成為好朋友。因為你會看這本書，所以我們或許合得來。

不過，我一點都不想和你見面。因為我這個人只要和人見面，就會感到相當疲憊。我的主業是網路家教業，雖然是從事介紹人們相互認識的行業，但直接與人見面的情況，一個月頂多就只有兩到三次左右。我一直都在極力達成以0接觸的形式完成工作。因為就算一整天中只花一個小時與人碰面，那一天我就會什麼事也做不了、累得全身癱軟。所以我才會致力於0接觸的工作。

一般都說補教業是個靠業務能力決勝負的業界。直接見到本人，在面談中鼓吹士氣，趁機一股腦簽下一年100萬或200萬日圓的高額合約。這正是補教業的業務們一較高下之處。**然而，我的公司沒半個業務。**我就只是用LINE傳送訊息，告訴人們我們公司提供十天的體驗課程，上過課之後覺得滿意就簽約，要是不滿意，不上也無妨。這也是為了工作時要盡量避免碰面所投注的心思之一。不會被迫簽訂高額的契約，顧客也會感到高興。

最近和學生（用LINE）聊天時，聽說號稱「高敏人（Highly Sensitive Person，HSP）」的年輕人愈來愈多了。高敏人指的是對很多事物過於敏感的人，雖然我還沒那麼嚴重，但因為和人接觸就會備感壓力，所以都盡可能過著不碰面的生活（一個月只會和人見面兩到三次左右），或許我可以稱作是微「高敏人」。**這樣的我在現今資本主義社會下，運用最新科技，在「0接觸」的情況下「賺取收入」，並記錄成文字，就此完成了這本書。**還望笑納。

## 以「討厭與人接觸」為走向的商業書所欠缺的要素

話說回來，為什麼碰面就會讓我覺得疲憊不堪呢？我也試著想過各種可能，以科學觀點所寫的書已經很多（請參考高敏感相關書籍），所以在此以非科學觀點寫下自己的看法。

首先，我認為與人見面就會感到疲憊的原因，是因為「氣場輸人」。每個人都有自己的「氣」。像我就是因為氣場弱，所以只要和人見面，氣場就會輸。我下的結論是——那盡可能別碰面就好了。

**氣場強的人，有其適合的工作；相對的，氣場弱的人也有其適合的工作。**然而，我所讀過坊間的書，特別是業務相關的書或商業書，發現它們就只適合「氣場強」的人。對「氣場弱」的人來說，幾乎沒有可供參考的業務書或商業書。尤其是氣場弱的人，光是客人所說的一句話，就會讓他們一整天提不起勁投入拉業務的工作中。所以適合這種人的不是業務書，而是教導他們就算不拉業務，一樣有方法能賺錢的書。不過，市售的這類書大部分都是針對量產型的商業資訊販賣業者而寫，就我所知市面上並沒有一本書能真正教導高敏人，從事他們適合、別人也做不來的生意，並且還能長期賺取收入。

因此，「不與人見面」、「每年招攬一百多名學生」經營網路家教業的我，才會寫下自己是如何在「0接觸」的情況下，做到「對社會做出貢獻」與「賺取收入」並集結成書。

## 「討厭與人接觸」的我，如何安排一日行程？

在此，先來談談工作幾乎都不會與人接觸的我，是如何安排一整天的行程。其實也不是什麼多厲害的行程，但我還是想在此大致公開。

首先，早起的話，我大約會在早上十點左右起床；不然就要到中午十二點才起床，有時還會睡到下午四點。基本上，一天之中一定要做的工作，就是傳課程表給員工和學生們，而體驗課程基本上也是交由員工去處理。我比較早睡的時候，會在凌晨四點左右就寢；如果晚睡，則是早上六點左右。就像我前面所說，我們補習班不會「拉業務」，所以只在體驗課程結束時，會請客戶回覆是否要繼續上課，如果要繼續，就寄報價單過去請對方匯款，就是這樣簡單的流程。完全不會死纏爛打地拉業務，倒不如說「我沒辦法」那樣去拉業務，這才是真正的原因。不過，我這種做法反而深獲客戶的支持。

如前所述，基本上，我每日非做不可的工作，就只有寄送課程表給身為講師的員工以及客戶們。每天只要花十分鐘就能搞定。當然了，只有這樣的話，是無法持續擴大補習班規模的，所以在狀況好的日子，我會進行廣告設定；為了能在搜尋引擎上有靠前的排名，會叮囑員工更新網站文章；為了在YouTube發布影片，拍攝我與上榜學生用Zoom對談的影片（這時候我也是極力堅守不碰面原則）；請員工幫忙在Amazon上架新書。在每個不同的時間點，想到什麼就盡己所能去做。這些既是招攬顧客的工具，同時也能充當教材、發揮功用。

原本我就是容易累積精神壓力的個性，為了不太過勉強自己，所以會趁空檔出外旅行。

旅行時非做不可的事，也還是每天花個十分鐘傳送課程表。所以就算前往通訊不良的深山裡，只要用智慧型手機的網絡共享（Tethering）來傳送課程表，就不用擔心了。不過，為了讓自己一想到就能馬上工作，我都盡可能留意旅行地點，保持網路暢通。

## 「討厭與人接觸」的我，如何選擇販售商品的呢？

與人面對面就備感疲憊的我，選擇生意的首要條件，就是可以不用直接碰面。不過，看看書店陳列的書籍，會發現世上與創業或商業有關的書，大多推薦親自與人碰面做生意。有人說，保險業務員一天如果和三個人見面，就保證年收會有千萬日圓；也有人說，在多層次傳銷（Multilevel marketing）下，只要一天見三個人，就能擁有億萬富翁般的夢幻生活。在經濟不景氣時，這類書層出不窮。不過，我原本就不想和人接觸，所以這不在我的選項內。

話說回來，為何要親自見面跑業務呢？**因為有些商品真的是會因當面銷售而賣出。**尤其以日本人來說，往往不好意思拒絕有過一面之緣的人所提出的請求，有許多這樣的老實人。

我剛開始經營補習班時，當然尚未有學生合格的實績、也沒教材，所以都盡可能與人見面簽約。基於這個經驗，我發現與人面對面做生意，是要賣出如果不這樣做就會滯銷的商品。

然而，與人面對面實在很累。所以我決心要製作出就算不碰面，也一樣賣得出去的商品。我最早投入的工作，是比任何人都還要仔細製作的考古題解說。說到考古題解說，一般大多是針對熱門大學而特別仔細解題；但是像申請入學這種小規模的入學考試，卻連解說也沒有，這種情況並不罕見。此外，雖然有解說卻極為粗糙，也是常有的事。

因此，我開始是針對還沒有解說的考古題，盡可能仔細地製作解說。至今仍持續製作解說，在我的補習班裡，光為了這個目標，便打算在接下來的兩年內，要再投注數千萬日圓以上的資金以及我個人的勞力。首先，不論顧客是用Google、YouTube或Amazon搜尋，還是到書店找書，在各種場合都要能讓學生清楚知道，我們是一家會製作詳細解說，指導能力很強的補習班，這點相當重要。此外，由於招收的是會認真看考古題解說的學生，考試合格的實績也會因此提升。如此一來，就算沒特別跟顧客見面，只要用一句「你學長○○同學就是在我們補習班考上的」，以LINE和對方交談，幾乎都能成功簽約。

想不碰面就能賺錢，只能販售就算不面對面也能賣得出去的高品質商品。

## 「討厭與人接觸」的我，是如何發現商機的呢？

那麼，如果現在要展開一項全新的生意，該怎麼去發掘高品質又暢銷的商機呢？

這當中有各式各樣的心法，不過基本上，剛開始做生意的人要賣出高品質的商品有其困難度。而已經從事該項事業的業者，既然是持續在經營事業，也一定會想到這塊，而且幾乎也都在販售高品質的商品。可以說在百分之九十九的市場，顧客幾乎都滿足於既有的產品。就算你製作出什麼新的產品，他們也未必賞光。

在這種情況下，你必須找出那百分之一的例外，找到可以放手一搏的市場。**在此大力推**

**薦一個方法，那就是找尋一顆☆評價。**例如包含我本業的網路家教業在內的補教業界，業界的龍頭補習班通常在評價網站上都會獲四到五顆☆。教數學的、教英文的或教世界史的補習班，只要依照科目去強化，該科目就會有準備周全的教材和講師，獲得高滿意度也是理所當然。此外，與其投入評價高的行業，不如試著投入評價差的行業，也是個不錯的選擇。像ＭＫ（ＭＫ計程車公司）就是在這種戰略下獲得成功的企業之一。

在我以這種方式看補習班評價網站的過程中，找到了令我感興趣的補習班。它是在個人申請小論文入學考方面，位居龍頭的補習班。雖已經是這方面的龍頭，但評價卻只有一・五顆☆，我直覺認為商機就在這。如果有許多顧客對目前的服務感到不滿，像我這種後起之秀不就有插足的空間嗎？

大致看過評價後得知，這家補習班似乎採取緊迫盯人的推銷方式，卻引來不滿。我心想這對我太有利了。因為我原本就想盡量避免與人見面，一點都不想採取熱情推銷的策略。看了這些評價後，我決心要創立沒有業務員、不會向人推銷的補習班。先大量上傳免費的教學影片，接到顧客的詢問後，請他們試聽體驗課程，然後看準時機，請顧客決定要不要繼續上課。完全沒向顧客推銷，我就是決心要設立這樣的補習班。

## 「討厭與人接觸」的我，是如何招攬顧客呢？

如果要展開全新的生意，最大的課題就是招攬顧客。

許多競爭的補習班對手都會舉辦活動，來招攬有可能簽約的顧客。而且每個禮拜都舉辦「〇〇教授的〇〇補習班講座」的這類活動，向現場聚集的顧客展開推銷。我告訴自己，絕對不做這種事。

首先，我很排斥眾人聚集的場所。人多的地方有股獨特的「氣」，這股「氣」令我覺得莫名難受。而且要付一大筆錢給大牌的老師，又得耗費心神地伺候著，這也不是我拿手的事。總之，要將「耗費心神」的做法，徹底從我的事業中排除，所以生意的形式著重在不過度費心勞力。

因此，我最先嘗試的是YouTube。同時也展開SEO（搜尋引擎最佳化）以及在Amazon上販售自家公司的出版品。這些的優點是一旦做了，就會持續地招攬顧客，不必一直拚盡全力，也不必在固定時間去某個地方上班。只要先將自己補習班的內容放在網站、YouTube、Amazon上，顧客就會自己上門。這麼好的生意並不多見。

**說到底，做別人已經在做的生意，結果只會賠錢。如果找來同樣的人，舉辦同樣的活動，租下同樣的店面，一樣得支付同樣的費用。**我們在考生合格數的實績上不如前人，所以一定創造不出像競爭對手般的營業額。如果採取的策略一樣，我所投注的經費怎麼樣也無法回本。因此，既然要做生意，就只能做和一般人不一樣的生意。當然，網站設計和教材設計與構成等值得參考的部分，徹底地研究借鏡對手也不是件壞事，只不過理論上來說，要是日後成立收益結構類似的事業，一定贏不過對方。因此，在開創事業時，要找出適合自己的生存方式，而且是完全不同的收益結構事業，從頭開始摸索才有勝算。

## 「討厭與人接觸」的我，是如何找到好的工作夥伴？

此外，不擅長與人面對面的我，在雇人時也吃了不少苦頭。因為常會遇到頻率合不來的人。例如我也曾不只一次試著雇用體育社團出身的學生，但都合不來。我搞不懂他們為何都那麼精力旺盛，明明很有精力，卻不太用功；而且他們雖然對同樣是體育社團出身的人很有禮貌，但對我這樣的人可就不是這麼回事了。比起工作，他們更看重體育社團的活動，遲到幾次後，我便再也不雇用這樣的人了。

自從不再雇用體育社團出身的人之後，我的注意力轉到**「繭居族」**身上。「繭居族」真的很棒。**因為他們隨時都在家，做網路家教的話，他們不會遲到。**網路狀況也一直都很穩定，與時常在外面到處晃，嘗試在網路不穩的澀谷賓館上課的體育社團大學生，可說是天差地遠。「繭居族」萬歲。

「繭居族」還有一個很棒的原因，那就是他們明白人們心裡的傷痛。我的本業是網路家教業，所以住郊區的人，或是就算住東京，但不想特地去其他補習班教室上課的人，大多都會使用我們的網站，尤其後者的考生可能會有各種精神上的苦惱。如果講師是繭居族的話，就能以過來人的身分了解這樣的苦惱。不過，繭居族考生就算在我們的補習班上課後考上早慶上智（日本很難考的三所私立大大學，分別是早稻田大學、慶應大學與上智大學），仍一樣是繭居族。基本上不會因為考上早慶上智，就突然擺脫繭居的生活。**我們補習班的成員，基本上身體狀況都不太好，但就算突然身體狀況不佳，而出現排班空缺，也會在三分鐘內找到人補上**，因為大家都能互相體貼。工作成員個個都身體不好的公司，沒想到反而出奇地好，這是我實際經營公司後得到的真切感受。我常在想，我建立的不是一個會苛責員工身體不好的體育社團組織，而是會體恤身體不好的人，能體諒與應變的優秀組織。

## 「討厭與人接觸」的我，與親友、同事的來往

我憑藉這樣的待人處世，逐步增加在工作上可倚賴的員工，所以與親友、同事的來往，

我也有一套自己的獨特想法。那就是「當面聊天不見得比較好」的這種想法。

看過許多經營者寫的書之後會發現，書中都寫說要每天和員工見面，一起吃飯、投注感情是非常重要的。不過，這種經營者的公司離職率卻特別高，這是為什麼呢？

我個人的假設是，**原本就不該和人有如此深入的交往。**工作往來時只要太過詳細探究，就算原本是完全沒嫌隙的關係，相處時間一長還是會出現看不順眼的地方，有時就算只是些雞毛蒜皮的小事也無法忍受。但在工作上，只要是能用的人才，就該好好運用。就算是個有點不討喜的人，但只要覺得這個人有能力，我還是會用他。如果不這麼做的話，我實在應付不來突然大量增加的顧客。

這時候重要的是，如何拿捏人際關係上彼此的距離，太過親近不是件好事。一旦雙方距離太近，社長與員工之間的關係就會瓦解，變得像朋友一樣，這樣很不妙。社長是社長，員工是員工，所以距離還是別拉得太近比較好。保有適當的距離，請員工專業地做好自己的工作，否則就請對方離職，這樣的嚴格分際很重要。

與親友來往也是同樣的道理。不管怎樣，距離太近不會有好事。如果保持適當的距離來往，就會是好朋友，但雙方要是總密切相處，便會暴露出自己和對方不好的一面，結果就此撕破臉，再也不跟對方說話，這是常發生的事。**不管怎樣，在人際關係上，最重要的就是距離感。**

# 什麼是「行銷」？

## 本來就幾乎沒人會跟「無名小卒的你」買商品，請正視這個現實

前面我針對「不想和人見面……」、「但還是得賺錢才行……」這樣的人，介紹了「0接觸行銷術」，並說明了這種行銷方式是在怎樣的思維下成立的。

接下來，我將針對在思索創業或副業要做的生意時，或是公司要設立新的事業時，勢必得審慎評估的幾個重點，一面思考「行銷」是什麼，一面加以歸納整理。

首先，要先定義**「建立商品暢銷的機制＝行銷」**。

在思考「行銷」時必須有一個重要的大前提，那就是「幾乎沒人會跟『無名小卒的你』買商品或服務」。如果對此沒有確切的認知，生意就不會順利。

許多人開始做生意時，是站在「商品或服務的賣家」立場來看待事物。然而，這是無可救藥的錯誤。**真正重要的，是要站在「商品或服務的買家」立場來看事物。**如果是你，會想跟一個聽都沒聽過的人買商品嗎？應該不會才對。在Amazon上購物時，看到一家從沒見過、聽過的製造商推出電器產品，在購買之前應該都會猶豫再三吧。因此，用戶在購買你的商品之前別說猶豫再三了，猶豫再十都有可能，最好要先有這樣的認知。必須先設想出某個理由，讓民眾肯購買你這種無名小卒所推出的產品或服務。

## 對「無名小卒的你」來說生意是否「容易入門」的差別

若以這樣的觀點來思考，「無名小卒的你」也容易入門的生意就是轉賣。賣出從某個地方拿來的商品，從中賺取利潤，這樣的生意容易入門。事實上，許多人都是利用類似全球速賣通的中國網站展開這種生意。**不過，這種生意正因為入門容易，所以投入的人也多，最後都沒什麼賺頭。**

而另一方面，也有不易入門的生意。例如大眾媒體就是不易入門的生意。比方電視臺，就需要巨大的電波塔、許多員工、採訪資源等無法估算的龐大經營資源。此外，證券公司也是不易入門的生意。想要投入，需要獲得政府許可，而且印象中需要許多業務員和資金。不過，這種生意因為參與的人少，所以容易賺錢（兩者原本都是容易賺錢的生意卻就此鬆懈，沒採取顧客至上主義。結果最近變成不太賺錢的生意，但基本上，它的結構仍算是容易賺錢的）。

在此得思考的是，絕不能做「容易入門的生意」。投入「容易入門」生意的人眾多，競爭也激烈，到最後，不適應這個社會的人一定會落敗。所以要開始做生意時，必須選擇「不易入門的生意」。

那該如何區分「容易入門」和「不易入門」的生意呢？個體經濟學有一種「完全競爭市場」的說法。將條件歸納後，可得到以下三項：

（1）有許多賣家和買家存在
（2）販售的財貨或服務，全都是一樣的東西
（3）每個需要者和供給者，都擁有對市場價格和財貨性質的完整資訊

前面介紹的轉賣，算是比較能符合這三個條件的商業模式。Amazon和日本的拍賣平台Mercari上都有許多賣家和買家，而且因為是轉賣，販售的財貨或服務也都一樣，顧客對於它的價格行情，也都有一定程度的了解。這也可說是「容易入門的生意」所具有的特徵。

**那麼，「不易入門的生意」又是怎樣呢？這是與「完全競爭市場的三條件」背道而馳的商業模式。**

**（1）只有少數的賣家和買家（容易形成獨占或寡占的產業）**
**（2）販售的財貨或服務與別人不同**
**（3）每個需要者和供給者，缺乏市場價格和財貨性質的資訊**

我投入的網路家教業和作家的業界，都符合這三個條件。我們就逐一來細看吧。

首先來看網路家教業。

### （1）只有少數的賣家和買家（容易形成獨占或寡占的產業）

先來看我所投入領域，針對早慶上智個人申請入學考和慶應SFC一般入學考（SFC

是慶應義塾大學湘南藤澤校區的簡稱），兩者都是只有少數賣家和買家的產業，包含我們在內，有刊登廣告的競爭者，也只有一到三家公司，這很容易成為獨占或寡占產業。

### （2）販售的財貨或服務與別人不同

此外，販售的財貨或服務與別人不同，這點也很重要。針對早慶上智個人申請入學考，與慶應SFC一般入學考，乍看之下是會賺錢的生意，所以過去也有許多企業和個人投入其中。但他們幾乎都在一個月內打退堂鼓，這是為什麼呢？因為他們販售的財貨或服務無法做出差異化。就像大學考試一樣，在這決定人生方向的場面下，如果提供的全是大同小異的商品，人們會向聽過名字的大公司購買他們的服務。因為這樣比較放心，在實際應考時也會有好的結果。

因此，如果投入這個產業，販售的財貨或服務就必須和別人不一樣才行。但要做到這點，會因為太過特立獨行，連既有的業者都不會貿然模仿。只要能提供充滿魅力的服務，拉長體驗時間，並請曾通過考試的員工仔細說明，顧客就一定會買單。或許一再強調有點多餘，不過，我所經營的服務是「每天只指導十分鐘的網路家教」，這種特立獨行相當重要。

## （3）每個需要者和供給者，缺乏市場價格和財貨性質的資訊

比方說教育界、醫療界或法律界，這種需要有許多知識才能投入的業界，顧客極為欠缺對商品的理解。基本上，我只考慮投入這樣的業界（在資產運用方面，像經營民宿等的部分例外不算在內）。

關於教育更是如此，要是能清楚預見自己將來會是怎樣的人物，或許就不會多加投資在教育上。例如考上哈佛大學的人，如果是就讀電腦科學類的領域，他在入學時會希望自己成能為像Facebook創始人馬克．祖克柏那樣的人物。正因為難以預見未來，所以只要是對未來有幫助，就算多花點錢也無妨，這是人們會做出的判斷；如果是要報考慶應SFC，就會想到Cookpad創始人佐野陽光先生和GREE股份有限公司財務長青柳直樹先生，為了達成進入該校就讀的目標，就算得稍微多花點錢也覺得值得。

不過遺憾的是，並不是因為讀了哈佛大學就能創立Facebook，也不是因為念了慶應SFC就能創立Cookpad。只要看看同樣是慶應SFC畢業的我就會明白這點，但人們就是會將身上僅有的金錢投資在這樣的夢想中。

**在許多人知道原價的業界，大多只能以原價來銷售商品。餐飲界就是個典型的例子。只要細想就會明白，像教育界、醫療界或法律界這種不清楚原價究竟為何、難以摸透的生意，才是好生意。**

此外，如果是醫療界和法律界，投入這業界的人們都擁有醫療或法律方面的知識。但在教育業界，尤其是補教業界的人，大部分都沒有教育學或認知心理學方面的知識，很多都是用瞎猜的外行人理論來指導升學考試。這麼做自然不能維持好的成績，最後只能拿出模稜兩可的考試合格實績，更將會失去顧客的信賴。就我所投入的教育業來說，它的迷人之處就在這裡，正因為是這樣的業界，我才覺得自己有勝算。

就像這樣評估自己的行動會花費多少成本、能得到怎樣的回饋，只要比競爭對手更認真思考這些問題，就能採取與對手不同的戰術，最後超越、跑得比對手更前面。

## 因「大家都在做」就投入的生意或就業的業界，是走向破產或離職的第一步

容易入門的生意不要碰，同樣的道理，最好也別因為「大家都在做」，就跟著做一樣的生意。因為這樣而開始的生意，最後都會一起倒閉，就業也是同樣的道理。

話說回來，就算是周遭的朋友，他們也是因為付出相當程度的努力，生意才會做得順利。你是否能付出同樣的努力，這點令人存疑。學別人做生意就能輕鬆成功，有這種廉價想法的人，是否能比他人付出更多的努力，要打上很大的問號。

就業也一樣，不能只因為朋友都在那個業界，就想去同一個業界上班。如果只是這樣就決定人生方向，日後將無法為自己的人生負責。

以做生意來說，粗製濫造的東西是賣不出去的；自以為很用心製作的東西，一樣賣不出去；只有製作出無與倫比的好東西，才能暢銷。顧客是很嚴格的。如果粗製濫造的東西卻也暢銷，**要不是剛好被沒忠誠度的顧客買走，就是只有一開頭的商品賣得好。**這種人早晚會厭煩，然後就此不再光顧。

因此，做生意就是得細心。重要的是，販售自己竭盡所能細心製作出的商品，如果還有做不好的地方，就要深入反省並更加用心製作。只因為「朋友都在做」，就開始投入同樣的生意，根本就是荒唐。

**所謂的「行銷」是「體察顧客的不安和不滿」，以「適當價格」提供「適當品質」的「解決辦法」**

行銷是「建立暢銷的機制」，而在販售商品或服務時，重要的是販售：

**（1）體察顧客的不安和不滿**
**（2）適當價格**
**（3）適當品質**
**（4）解決辦法**

接下來逐一詳細說明吧。

## 為什麼SECOM會大受歡迎？

### ～「公家機關」已提供的服務，仍有其商機～

首先來談談體察顧客的不安和不滿這件事。顧客會對什麼商品，較容易感到不安和不滿呢？最典型的就是「公家機關」提供的服務。例如警察、軍隊、學校、監獄、自來水、瓦斯、電力、電話、生活保障……。請在腦中想像公家機關提供的所有服務，你對他們的品質感到滿意嗎？

以日本警察為例。就算有可疑人士出現、引發問題，隨著所居住的縣市不同，有的警察會說「警方不介入民事糾紛」，而不肯有積極作為。因此，像「SECOM」這種民間保全公司才會這麼受歡迎。學校也是一樣。因為想參加推薦入學考，而想請老師幫忙修改小論文，但學校老師卻很反對推薦入學考，別說修改小論文了，甚至連備審文件都不肯提供。每年都會有多達上百位的學生為此向我們公司尋求諮詢，所以個人申請、推薦入學考的補習班才會這麼受歡迎。

基本上，有公務員的地方就有商機，只要這麼想幾乎不會有錯。**因為沒競爭的地方，顧客不可能會滿意。**相對於警局的保全公司、相對於學校的補習班、相對於監獄的藥物治療機構及更生人安置機構等，公家機關從事的工作，其相關領域一定存在著大商機。如果不知道該做什麼生意才好而為此發愁，那不妨先確認一下「公家機關」的工作內容，這可說是做生意的不二法門。

## 要如何定出「適當價格」？
### ～主要賣點之外的要素都是在販售劣質商品～

接下來要談關於「適當價格」的想法。基本上，所謂適當價格，先預想成市售商品的半價以下就差不多了。經營就是決定價格，所以降價不是件好事，很多經營書都這麼寫；

不過，如果不降價，新加入者的商品就會賣不出去。因此，我們應該要思考，什麼生意明明價格定在市售商品的半價以下，但營業獲利率卻有百分之五十以上。

在思考這個問題時，《藍海策略》（繁體中文版由天下文化出版）這本講經營學的書可以帶來啟發。書中介紹的想法是，除了顧客最重視的要素之外，其他功能都可刪去，可藉此販售比競爭對手更便宜的商品、打贏商戰。實際執行這個想法而勝出的，在南韓有三星，在日本有愛麗思歐雅瑪。

舉例來說，如果採用「藍海策略」，成立一家個人申請和推薦入學考的專門補習班，會有怎樣的考量呢？除了我們公司外，幾乎所有個人申請、推薦入學考的專門補習班都有實體教室；而另一方面，我們的顧客大多不是住在東京，而就算在東京，往往也因為各種因素而無法到教室上課。因為這個緣故，我沒準備實體教室。取而代之的，我們補習班每天都會和學生聯絡，確認他們是否有持續進步。

我們的補習班恪守**「確認每天都在進步」的事業核心競爭力**。但除此之外的部分，既沒實體教室、也沒K書中心，藉此降低成本。這就是主要賣點之外的要素都是在販售劣質商品的這種想法。正因為抱持這種想法，才能以低於既有業者半價的價格提供商品。

## 要如何實現「適當品質」？
## ～看穿競爭業者的顧客引導線～

此外，在區隔各種功能時，要留下哪個功能、捨棄哪個功能，對於評估商品開發也相當重要。要分成常用與不常用的功能。

剛創業時，我將製作商品想得太過簡單。只要能更用心製作，就會有更多顧客肯使用的商品，有時也會因為粗製濫造，而自以為是地認為「這種商品應該是沒有需求吧……」，一下子就將它捨棄。剛創業時常會發生這種情形，絕不能這樣做出武斷的決定，所以應該看的資料不是自己的顧客引導線，而是競爭業者的。

要仔細分辨競爭業者的顧客會注重哪個部分，反之，哪個部分沒那麼在意。另外，此時要找的競爭業者，未必都是同業的其他公司，不同業界最好也一併觀察。舉例來說，如果是我經營的升學補習班，競爭對手未必相同。**念書時間的競爭對手，往往不是其他同業，而是線上遊戲或社群平台。**若是這樣，就該思考學生們感受到線上遊戲或社群平台的魅力何在，以及升學補習班是否能提供什麼來取代這兩者。

舉例來說，以我們補習班來看，雖然我本身是極力在0接觸的情況下工作，並以此為宗旨。但唯一的例外，就是在個人申請入學考或一般入學考前，會開設為期十天左右，僅有十位學生左右的集訓。就此感情變好的學生們，各自會設立LINE群組，整天都用LINE聯繫溝通。當中，有學生很早就通過早慶上智的入學考，也有學生飲恨含淚。以這樣的懊悔為動力，繼續努力用功。這樣的良性循環會促成高上榜率。這個LINE群組提供的溝通和社群，就像是線上遊戲和社群平台的替代品一樣。

## 「解決辦法」是什麼？

## ～販售無效的商品會變窮；販售有效的商品會大賺～

雖然這是很理所當然的事，但販售商品時該注意的要點，就是**「將有效的商品賣給能發揮效果的人」**。但令人意外的是，明明那麼理所當然，卻往往難以做到。

其實開始做網路生意後才發現，就算是「無效的商品」一樣可以大賣，我也有過幾次這樣的經驗。舉例來說，我曾在Twitter刊過這麼一則廣告。

「我得用功……

但還是忍不住偷懶了……

為了這樣的你，我們準備了【每日學習會】，

有意詢問者，請上（網址）！」

這個廣告獲得很大的迴響。記得換算下來，每則詢問相對的廣告費不到500日圓，所以就廣告來說，算是相當成功。但這個廣告我刊登不到一年就下架了。因為在Twitter上看到這則廣告前來的顧客，之後仍繼續上Twitter，沒有一個人成功考上。我這家補習班，是由這裡以前的學生考上早慶上智後再擔任講師，採取這樣的架構，所以發生這種情況，我根本一籌莫展。沒人考上還刊登廣告，一點意義也沒有，所以我馬上決定撤除廣告。

基本上，只要是做生意，就必須要有良性循環不可。讓很多人覺得自己受騙上當的生意，就算一時之間看起來一帆風順，但絕對無法長久；就算能長久持續，我也不認為長期做這種生意算得上是成功。至少我知道這不是我要的成功。

## 敷衍製作出的產品賣不出去

在製作有效的商品方面，最重要的是，**在驗收時應該全力以赴。**

我能體會平日因為工作忙碌，在深夜驗收時，因為又睏又累，所以想輕鬆帶過的心情。但「一時的怠惰，將換來一生的後悔」，我也曾多次因為這樣而嘗到失敗的苦果。

那是我之前在製作Google Ads時發生的事。跟我接洽的是一位溝通不良的設計師，原本文字的部分我只要求他以文字資料輸入，這樣就算透過手機也能輕鬆閱讀，但這位設計師卻堅持將文字轉成圖片交貨給我。我已經支付他約莫10萬日圓的費用，對當時的我來說，10萬日圓是一大筆錢，所以從沒想過要將這筆錢當丟進水溝裡，重新再委託另一位設計師。我用手機又看了一遍，怎麼看都覺得字級太小不易閱讀，但我指出這個問題點後，他卻回答說現在人的手機畫面都很大，不會有問題。可能是我也累了吧，就這樣接受了他的說法，結果接下來的三個月，我砸下的100萬日圓廣告費完全等同於丟進了水溝裡，有去無回。

從這件事我明白一個道理，不論是廣告、影片、書籍，還是網站，驗收都應該全力以赴。就已經是一家無名小卒的公司，要是廣告文字又看不清楚，就絕對不會找這家公司；要是YouTube影片的字幕或書籍的字有誤，就絕對不會找這家公司；要是用手機看網站的版面設計全都跑位，就絕對不會找這家公司。正因為公司規模小，用心驗收更為重要。

## 只有用心製作，超越極限的作品，才會開始暢銷

而檢驗也有「保守驗收」和「積極驗收」，在此一一介紹。

「保守驗收」，是用來徹底滿足最低限度要求的驗收。就像我前面所說，如果是廣告，就得讓每種裝置都能輕鬆閱讀，對網站來說這點也一樣重要；而如果是影片，就要避免字幕的錯字、漏字、背景音樂的音量要適中；如果是書籍，就要避免錯頁。

那麼，「積極驗收」又是什麼呢？至少也要讓自己的商品立於目前市售商品的頂尖之地（或者是很好），為了做到這點，要借鏡競爭商品的優點，製作出比對方更高品質的標準，確實做到這點。不論是廣告LP（Landing Page，銷售頁。點擊廣告時會跳出的細長頁面）、書籍、教材，還是網站，最好先做出一百個左右的差異性要素，再逐一檢視。當然，這本書也

是準備了約一百個比既有的網路行銷或行銷書還出色的部分，要讓它們能勝過競爭對手。

當然，為了製作出一百個差異性的要素會增加成本，最終可能造成販賣價格高於對手的問題。因此，評估得耗費成本的改善方式時，與商品核心競爭力有關的部分要加以改善，至於無關的就可視而不見，有所取捨。不過，如果是不太花錢的小改善，就能盡量多做。

就像這樣，只有用心製作，超越極限的作品，才會開始暢銷。

## 粗製濫造的商品賣得好，是因為賣給沒忠誠度的顧客，很快就會賣不動

當然，這世上也會有粗製濫造的商品賣得好的情形。

如同我前面常提到的，**「費盡千辛萬苦製作出的商品，會輕鬆大賣。而毫不費力的商品，得千辛萬苦才賣得出去」**。

若回到這個原則來看，應該能明白那些粗製濫造商品會賣得好的背景因素。也就是說，粗製濫造的商品之所以賣得好，是因為包含售後引發的問題在內，在售後服務方面被迫得付出很大的努力。

基本上，粗製濫造的商品會賣得好，是因為賣給了沒忠誠度的顧客。這樣的人會因為不同時間的潮流，而大量購買粗製濫造的商品，但等到下一個潮流到來，又會馬上倒向另一邊。和這種客層做生意很辛苦。因此，不管再苦再累，還是要正經的做生意，走在商品能保持暢銷的正途，這點很重要。

## 待在家中不出門如何做「0接觸行銷術」，顧客還會不斷自行聚集過來呢？

**做生意最辛苦的就是「招攬顧客」**。其他事都能勉強找到外包的對象，但唯獨「招攬顧客」只能靠自己。因為要真的能做到「招攬顧客」這點，做這筆生意才有賺頭，就算有人可以代替你做「招攬顧客」的工作，他的附加價值也會非常高，勢必得支付一筆高額的外包費用，到頭來這筆生意怎麼做都不划算。

**因此，「招攬顧客」的工作，無論如何都得親力親為**。但是對沒做過「招攬顧客」這項工作的人來說，這將會是做生意的一大難關。該怎麼做才好呢？

## 招攬顧客的七大絕招，分別是廣告、YouTube影片、書籍、SEO、社群平台、宣傳（電視、網路電視、廣播、雜誌）與引介

首先在創業方面，招攬顧客可分成「得花錢才有效」與「不花大錢一樣有效」兩大類：

**・得花錢才有效**

廣告

**・（視做法而定）不花大錢一樣有效**

影片、書籍、SEO、社群平台、宣傳、引介

以這種形式分成兩類。

在此針對以上各項，先來確認幾個注意事項吧！

**首先是「得花錢才有效」的攬客術，其代表是「廣告」，此處的廣告應該始終都只限於「DRM廣告」。**不論是要創業，還是要成立新事業，一開始都不該做「形象廣告」。

DRM廣告是什麼？形象廣告又是什麼？應該有很多人不清楚，所以在此先做詳細解說。

先來談「DRM廣告」，這是「Direct Response Marketing廣告（直接回應行銷廣告）」的縮寫。也就是實際打出廣告後，以某種形式來凝聚反應的廣告，不論是用LINE，還是用電話都行。只要打廣告，就能馬上測出廣告費的CP值，是當天就能知道效果的廣告。

相對的「形象廣告」則是常在電視廣告上看到，那種車子在大草原上急馳的廣告。這種廣告短時間內展現不出效果，所以一般情況下，廣告商都會在簡報時說「我們持續打廣告，直到它展現效果吧」。別被它們的手法騙了。如果是大企業倒還好，但是一般的中小企業，絕不能採取等待形象廣告發揮效果的做法。因此，**必須使用當天就能確切測出效果的廣告。**

此外，關於「（視做法而定）不花大錢一樣有效」的攬客術，同樣也必須隨時監看，確認費用的CP值是否真的比廣告還高。要是因為比較不花錢就不加以節制，等之後結果揭曉，會發現其實比廣告還差的情況層出不窮。應該說，攬客術一開始大概只有十分之一成功的機會，所以大部分「（視做法而定）不花大錢一樣有效」的攬客術，其實早期階段的CP值都比廣告差。所以我才認為「應該節省花費，全力展開『（視做法而定）不花大錢一樣有效』的攬客術，同時也該打廣告，雙向並行」，其原因就在此。

## 要靠「廣告」賺錢，最重要的就是「別聽廣告刊登平台的話術」

接下來要談如何成功運用DRM廣告。想要靠DRM廣告賺錢，最重要的是什麼？那就是**「別聽廣告刊登平台的話術」**，廣告刊登平台和你之間的利害關係完全不同。廣告刊登平台的獲利方式是讓你投入更多廣告費；另一方面，你的獲利方式是盡可能別花廣告費就能招攬顧客。你必須對這兩者的對立面先有所認識，因此就算對方再怎麼親切地引導你，廣告刊登平台說的話最好都別當一回事。就連測定CP值，最好也要由自己處理。

我根據自身經驗，認為最好別相信廣告刊登平台所說的話，接下來會提到與這方面有關的建議，以及我自己所採取的替代性廣告策略。

## 因為廣告而浪費錢的失敗一覽表

### ・刊登排名愈靠前愈好的想法

如果以點擊單價的方式刊登廣告，就會出現許多類似「你的補習班廣告刊登的排名比其他補習班低哦」或是「如果增加預算，提高刊登排名，就會有許多顧客前來詢問哦」這類的建議。不過這些同樣值得玩味。

**首先，在搜尋關鍵字時，基本上並不是只要廣告能出現在最上頭就行了。**坦白說，會點擊出現在最上面的廣告，並主動上門詢問的，很可能是個思慮不周詳的人。這種人一多，升學補習班就會拿不出考試合格的成績，終究面臨倒閉。因此，升學補習班該重視的顧客，是會仔細一路看到網站第一頁的最底下，甚至還查看到第二頁的顧客。像這樣不管做什麼事都很徹底的人，進入補習班後也會認真完成課題，最後考試合格的可能性也會因此提高。重要的是，要廣泛設定這類人可能會搜尋的關鍵字，充分獲得點閱數（閱覽數），同時將點擊單價壓至最低，打出能真正帶來收益的廣告。以我的補習班來說，就算是住在郊區，或是自己付補習費的重考生，上課的金額都會定在他們能接受的範圍，所以這類的顧客通常都會進入我的目標內。而其他補習班因為有校舍的維護費用，無法採取同樣的價格設定，所以我的公司就此獨占這個市場。掌握目標市場動向也是很重要的關鍵。

### ・刊登展示型廣告

如果是在網路上刊廣告，一般往往都會大力推薦刊登展示型廣告（網路上常看到的橫幅式廣告）。這種情況下的展示型廣告有兩種，一是號稱「Remarketing廣告」或「Retargeting廣告（再行銷廣告）」，對已經來過你網站的顧客發送的廣告；二是一般稱作「展示型廣告」，針對與來過自己網站的顧客很相似的客群，或是可能對你的服務感興趣的客群打廣告。

這會視鎖定的目標而定，因而有些部分曖昧不明。不過，以個人從商的經驗來看，我可以很明確的說一句：「只有在搜尋特定關鍵字時才出現的搜尋連動型廣告，跟瀏覽時冒出的展示型廣告，兩者相比，後者的效果較差。」因為有這種情況，展示型廣告比搜尋連動型廣告便宜，能以較低的點擊單價、便宜的CV（詢問）單價刊登廣告，不過基本上都不推薦。

當中的例外，就是對某個地區集中發布地區專門的廣告，所以有其效果。此外，補習班要是考生考試合格的實績在業界穩居龍頭的話，那麼不論是用Google Ads、Yahoo! 廣告、Twitter廣告、Facebook廣告、搜尋連動型廣告，還是展示型廣告，不管刊登什麼廣告都很划算。因此，當事業的推展方式不同、事業的發展階段不同時，包含展示型廣告在內，所有廣告都能充分派上用場。

**不過至少可以知道，如果「0接觸行銷術」一開始就打出展示型廣告，可能只會白白浪費錢。**在先有展示型廣告都具有發展事業可能性的認知下，尤其是Remarketing廣告和Retargeting廣告，而試著發布廣告，也會是一種學習。不過，如果試了一個月左右還是沒效果就要馬上收手。此外，當事業的發展階段（以升學補習班來說，則是像考試合格的實績等等）出現將近三倍的變化時，可以用一個月左右的時間試水溫、觀察情況，有必要進行如此謹慎的檢視。

### ・連結放到其他的網站頁面

這對發布廣告時的網頁製作，以及廣告連結頁面的選擇也同樣適用，**基本上廣告應該是「一個主題、一個議題、一個目標」。**首先，當我們搜尋某個關鍵字找尋資訊時，會有某個想要的資訊。而在廣告當中，不能再加入那之外的其他資訊。

當然，站在Google和Yahoo!等搜尋引擎的立場，只要能多賺取一些點擊數，他們的廣告業績就會成長，所以在和搜尋關鍵字無關的一些頁面，也會開始擅自用廣告去設立連結，或是擅自寫廣告文宣發布廣告。而刊出搜尋連動型廣告的顧客這一邊，就必須仔細看穿搜尋引擎的小動作，逐一取消。不僅是將連結放到其他的網站頁面，Google和Yahoo!有時還會擅自寫廣告文宣發布，因此重要的是每天都得仔細監看是否有這些案例，一旦發現這類的廣告文宣，要一個個取消掉。

此外，也要嚴格檢視自己製作的廣告頁，查看裡頭是否有搜尋的關鍵字在，或者是放了與顧客搜尋時的心理無關的資訊，必須徹底將無關的內容省略。以「一個主題、一個議題、一個目標」當口號，最後讓人點擊的連結，也應該減少為詢問的按鈕，不能有其他讓人點擊的連結。徹底設定成只能點擊一個連結的機制，這是製作廣告頁的最重要關鍵。因此，有必要特別製作銷售頁面。

基本上，以**顧客的感想↓煩惱的訴求↓煩惱的原因分析↓煩惱的解決辦法↓商品說明↓商品的品質保證**的順序來寫廣告文宣，才是王道。除了詢問按鈕外，一概都不能點擊，可以很順利地詢問，以這種方式來製作網站，正是成功運用廣告的關鍵。

### ・以關聯性低的關鍵字刊登廣告

此外，在刊登廣告時也必須仔細管理，思考要以什麼關鍵字刊登廣告。當事業獲得一定程度的成功後，就非得擴大廣告不可。同時也需要雇用員工，以及支付報酬給員工，而且不能每年都是同樣的報酬，必須逐年調高。如此一來，只要市場上出現機會，就會想竭盡所能將機會全部一網打盡。

但這時候必須注意，有些機會可以出手去搶，有些機會則是萬萬不可。基本上，如果想大量刊登廣告，就一定會變成在「部分一致」的情況刊登廣告。在「部分一致」下刊登廣告，則將會變成與自己設定只有部分相關的關鍵字，也全都會用來刊登廣告，所以最後必然會以自己完全沒想到的關鍵字去刊登廣告。

**這時要有個重要的心理準備。**

那就是**「只試一天就放棄」**。我的補習班也開設針對早慶上智個人申請入學考和針對一般入學考小論文的課程，但是像「（藝人）慶應ＳＦＣ」這種和我們補習班生意沒什麼關聯的關鍵字，還是會有人點擊。像這樣既然都有人點擊了，一天也就算了。不過，為了避免再次發生同樣的點擊，這種關鍵字要先登錄為「禁止廣告刊登的關鍵字」。同樣的，像「慶應SFC偏差值」這種有人為了調侃慶應SFC而上網搜尋的，也要設為禁止刊登廣告的關鍵字。像這樣每天徹底「除草」，會逐漸改善廣告的CP值。

### ・接聽詢問電話

此外，在「0接觸行銷術」下，「接聽詢問電話」也是一大禁忌。當然，會打電話來詢問的人，有很大的機率是富裕階層，不接這種電話毋庸置疑地可能會失去大好機會。不過，「0接觸行銷術」是以沒壓力的生活當成首要目的，要是接聽詢問電話，就違反了首要目的。對顧客詢問的應對方式，如果是個人就用LINE溝通；針對B to B法人提供的服務，也用電子郵件來搞定；就算需要開會，也要盡可能事先決定好開會時間。考量到未知來電，也將有十分之一的機率是惡作劇電話，就必須徹底避免電話帶來的壓力。

將以上幾點導出的建議做個總結的話，**基本上要根據「收益還原法」來決定刊登的廣告，如果划算就刊登，不划算則否，在廣告運用上徹底秉持這個原則。**在廣告刊登平台施展的心理戰下，許多自營業者基於不想在競爭中落敗的想法，因而傾向砸下大量不必要的廣告費。但這時候請別慌，你的目的不是要在競爭中勝出，而是要讓自己賺錢。只要自己能持續賺錢，總有一天對方會輸掉這場競爭。因此，首先應該要以能持續賺錢為首要目標，決定廣告的運用手法。仔細想過後，會發現「收益還原法」是刊登廣告的唯一方法。記住重要的是，經計算後測量廣告的效果，如果划算就刊登廣告；要是不划算，就不刊登。

## 一般來說，只要評估過所有該考量的事，不論業界，「廣告」大多都很划算

基本上，如果是前述的廣告，通常都會賺錢。只要評估過所有該考量的事，不論是哪個業界，在大部分情況下都還是划算的。

問題在於新冠疫情這種非比尋常的時候，該如何招攬顧客以求生存。在新冠疫情這種非

常事態下，商業的前提會被完全推翻。在這種非常的時刻，該如何變更招攬顧客的方法才好呢？在此介紹我在新冠疫情下所採行的方法。

以下，我會一邊針對平時招攬顧客的方法提出具體的數字，一邊介紹。

關於廣告，基本上，一次的點擊最高不超過200日圓，我設定的一次點擊的單價平均下來約150日圓。一天大約是六十次的點擊為1萬日圓左右，這就是我為一個主題所投下的廣告費。當廣告一天有六十次的點擊時，通常會促成兩位顧客前來詢問。換句話說，要獲得一位顧客的詢問，得花5千日圓。一個月有六十人來詢問，並接受體驗課程的人，一個月約有三十個人，換句話說，要獲得一位接受體驗的顧客，得花1萬日圓。其中簽訂合約的，一個月約十五人，也就是說要與一位顧客簽訂合約，得花2萬日圓。我的補習班生意，每年指導百名以上的學生。以這樣來分析，基本上不太會出錯。再來只要增加更多投入的領域，就能展開更多類似的生意，基於同樣的道理，我現在正在做這方面的準備。

我們公司每月的學費，以一次十分鐘、上兩天的情況來說，不含稅是1萬9千800日圓；如果是每天上課，則稅外是3萬9千600日圓。因為是以個人申請或小論文的指導為主，所以學生大多是上三到六個月的課程。如果以平均四個月×平均一個月2萬5千日圓的顧客消費金額來計算，平均顧客消費金額是10萬日圓。考量到這當中會有各種狀況變化，支出這筆廣告費可能很不划算。此外，以收益來看，這樣的金額也不是很誘人。**如果可以，原則上希望廣告費能壓在總營收的百分之十以內。**更何況以我們公司的情況來說，有能實質代替廣告發揮功能的教材，所以更希望能做到這點。

**因此，重要的是提高消費金額。**例如在入學考前舉辦的十一天十夜住宿集訓，收費稅外20萬日圓。此外，有顧客希望在入學考前不是每天指導十分鐘，而是每天直接面對面的一或兩小時指導；也有顧客是曾經落榜過一次仍不放棄，繼續報考。正因為有這樣的顧客，平均顧客消費金額會提高，最後廣告費能壓在總營收的百分之十以內，並開發投入新領域的商品，獲得充分盈利，這就是我至今的商業流程。

不過，因為新冠疫情，後來出現很大的改變。首先是無法當面教學，連要住宿集訓都有困難。因為不景氣，學生無法打工，所以先前不管落榜幾次，仍以大學生身分持續報考的情形也看不到了。再加上個人申請入學考原本就是副專攻入學考，所以連個人申請入學考會不會舉行都不知道。基本上，依補教業的慣例都是先收學費，所以要是到時候不舉辦個人申請入學考，而得向所有學員退費時，公司的經營將會陷入困境。刊登廣告時更是如此，因為補習班是以合約效力持續到入學考前為前提來刊登、招攬顧客。

因此，我在新冠疫情下做了一個判斷，那就是停止所有廣告。決定一整年時間不用廣告攬客，結果這項嘗試大為成功。我用了各種方法，沒花半毛廣告費，便成功獲得比以前更多的補習班學員，考試合格的學員也更多了。而從二〇二一年春天起，我看準差不多要開始接種疫苗，個人申請入學考的舉辦行程表已大致底定，且網路上報名長期課程的學員也增加，所以我開始轉守為攻下廣告。接下來會詳述從這次經驗中學到的「廣告之外的攬客法」。

## 「影片」是除了廣告之外的攬客法中，購買率最高，也最應該嘗試的方法

先來談談除了廣告之外，攬客法的共通大原則吧。那就是**「愈接近實體，簽約率愈高」**的原則。這是很重要的原則，請牢記在心。

在新冠疫情下，像演講、親自面談這類「實體」的交流場所，全都一一消失。或許也是因為這樣，自疫情發生後，人們便強烈憧憬「實體的交流」。

**而在這當中有個CP值很高的媒體，那就是「影片」。**尤其是YouTube頻道，就算訂閱者只有寥寥數十人、看自己影片的人數都只有個位數，但我敢斷言，這還是非做不可的行銷方法。雖然眾所皆知，要單靠頻道本身獲取收益，是難度相當高的事。

**不過，經營頻道的妙趣，不在於從YouTube獲得收入，而是看到影片的顧客肯對你的生意付費，從中得到收入。**後者的收入遠遠大得多。能從YouTube得到的收入微乎其微，而且又不穩定，所以幾乎可以不用考慮想靠經營YouTube頻道來獲得收入。別理會頻道的訂閱者人數以及觀看次數吧。比起有百萬個不想買的人觀看，還不如有百位想買的人觀看才會賺錢。這就是YouTube的世界。

在成立YouTube頻道時，首先該思考的，不是討那些不想買的人歡心，而是如何製作出一個會讓想買的人看得津津有味的頻道。這就是能在YouTube找出少數競爭者的賽局情境並獲勝的最大祕訣。

此外，內容最好能讓想買的人津津有味地看十分鐘以上，為了製作出這樣的內容，花上再多的時間都沒問題。我在製作一般入學考的專門影片時，短短十分鐘的影片，卻會花上八小時之久。不過投注的時間不管怎麼看都划算，所以花再多時間都完全不成問題。反正我就是「討厭與人接觸」，既然這樣，如果要做其他工作，不論是打工還是當正職一定也都會不順利，所以就算做白工也沒多大損失。有時間製作時，要花再多時間都不成問題，所以製作會讓顧客喜歡的內容相當重要。

關於YouTube頻道的營運，在第2章也會有詳細的解說。

## 「書籍」雙管齊下出版「專業書」和「一般大眾書」，是擴大影響力的不二做法

此外，「書籍」雖然效果沒影片那麼卓越，但也是極力推薦的媒體。「書籍」的優點，在於想買的人才會掏錢購買。這樣明白嗎？因為很重要，所以我再說一遍。「書籍」的優點，在於它是想買的人才會掏錢購買的商品。重要的話要說三次，一起跟著我說——**「書籍」的優點，在於它是想買的人才會掏錢購買的商品。**

應該重複說三遍就夠了，這個原則就是有如此重要的價值。

首先，與影片、SEO、社群平台，以及其他宣傳相比，書籍的特別優異之處在於它是有心想買的人才會掏錢購買的商品。基本上，比起連一本書也不看的人，每個月會看好幾本書的人購買的可能性高上許多。至少他有每個月買那麼多書的財力，想改變現狀的認真度就和別人不一樣。

做生意很重要的一點，就是讓想買的人發現你的商品。特別是想要做好有以下特色的生意：一次就能獲得高消費金額、能消除人際關係上的壓力、不會有人對自己提出不合理的要求，就非「0接觸行銷術」莫屬了。重要的是要先與想購買商品的人打好關係，書籍就是最適合達成這個目的的工具。當然了，有購買意願的人也會提出許多要求，不過和應付不想買的人所提出的相比，算是好上百倍了。因為要是能回應對方的要求，就能獲得相應的價值，要認真傾聽有購買意願者的要求。

**關於書籍的出版方式，基本上以「專業書」和「一般大眾書」的雙管齊下法進攻為佳。**

首先是為「專業書」執筆，以我的情況來說，是和小論文有關的學習參考書，或是針對個人申請入學考所寫的學習參考書。專門出學習參考書的出版社或是我個人的補習班出版部門會出這類的書籍。藉由這個方式，能提高我身為專業人士的威信，是吸引新工作的重要工具。

藉由同時出版「一般大眾書」，能進一步提高權威感。「一般大眾書」是什麼呢？就像你現在正在讀的這本書，內容是以社會大眾為取向，開拓目標讀者的文章。利用廣泛吸引目標讀者的文章，出版成冊後，會有許多知名雜誌介紹書籍，有時甚至還會受邀參加電視或廣播節目，或許還能獲得演講的機會。這些機會肯定有助於日後更進一步向前邁進。

只要在業界認真工作，其實比想像中還要容易得到出版專業書籍的機會；就算沒人前來邀約，要嘗試自己在公司內設立出版部門、自行出版，其實也很簡單（有些書有詳細解說相關事宜，有興趣者請自行參考）。而另一方面，要出一般大眾書可就困難多了。出版一般大眾書，還要被刊在大型商業雜誌上，或是接受電視、報紙、廣播等的介紹，則是相當不容易。

出版一般大眾書時，雖可由各出版社的自費出版部門來出版，或是請宣傳公司透過管道出版等，不過，這兩個途徑都得花大錢，所以對手頭沒資金的人來說並不合適。

**我自己走的途徑是「出版經紀人」，對此也相當滿意。**以我的情況來說，我的朋友矢內東紀先生是一位創業者，同時也是位YouTuber，曾以暢銷作家的身分出書，所以在他的介紹下，我才得以找到願意幫忙出書的大型出版社。在日本頗具代表性的大型商業雜誌，之前曾刊登過好幾篇我的文章，這也是多虧有他和前一部作品的責任編輯在背後幫了很大的忙。要是我一個外行人突然跑到那家大型商業雜誌出版社，要他們刊登我的文章，他們大概只會叫警察來，不可能會有進一步的合作。

一些出過暢銷書的作家也會以出版經紀人當成副業，只要上網搜尋，也能找到幾家這方面的公司。而幫了我大忙的矢內先生，同時也是酒吧的老闆，只要擁有這方面的人脈，或許就會有機會上門。想要出版一般大眾書，一一掌握這些機會顯得特別重要。

## 如果光靠「SEO」對策已經很難打進前幾名，且購買率也未必會高，但在增加客單價方面頗有成效

出版一般大眾書，對SEO也會有很大的貢獻。

話說回來，SEO到底是什麼？英文全名為Search Engine Optimization，指的是最佳化自己的網站，以便能顯示在搜尋引擎上，這就叫SEO。說到這，要是在幾年前如果做好網站內容，將它仔細分析、分類，好好整頓一番，只要短短三個月就有可能以鎖定的關鍵字爬上第一名的排序位置。

不過，近年來Google改變方針，比起「寫什麼內容」，更重視「內容來源」。在此時代趨勢下，明確記載是出自於哪裡的內容，證明寫的人具有這方面權威，變得有其必要性。

例如最近在觀看YouTube影片時，總覺得也有許多反社會勢力的人們開始經營起YouTube。我認為可能是這樣的動向，促使Google改變方針。**也就是說，做生意時躲在背地裡做事已施展不開身手，現今的時代如果沒對外公開，就賺不了錢。**

因此，當你想盡可能讓自己的網站在搜尋引擎上搶到靠前的排名時，製作出好的內容，將它列出各個分類、好好整頓一番，這些基本的作為當然還是很重要；不過，出版一般大眾書、發表演講、在電視、報紙、廣播等媒體露面，也變得愈來愈關鍵。所謂的多媒體，不論是SEO、社群平台，還是YouTube，要一面運用現有的所有媒體，一面推出具有相乘效果的行銷方案，在現今的時代就必須這麼做才行得通。人們到處都看得到你的這項事實，也有助於提升人們對你的信賴，有提高客單價的效果。

## 必須打造一套能在「社群平台」上被具體搜尋到的機制

此外，在推動行銷策略時，尤其做的是年輕人生意時，絕對要先明白一件事，那就是近來年輕人的搜尋方式正逐漸在改變。

以我個人為例，我的興趣是旅行，平均一個月一定會出外旅行一次。不過在旅行時，我照單全收Google給的資訊，反而吃盡苦頭，而且這種情形還不只一、兩次。**對此加以反省，最近上網搜尋旅行相關資訊時，我都盡可能用YouTube搜尋。**因為如果只有文字，就很容易發生造假的幻想文，但沒去過的人是沒辦法拍出影片的。此外，同樣的道理，針對許多連鎖營銷者會投入的領域，例如不動產、電子商務、金融等等，我在上網搜尋時，有時不光只用Google搜尋，還會用Twitter。因為這是為了搜尋出更準確資訊的不二法門。

就我所見，這種需要高資訊能力的搜尋手法，似乎在中高年齡層之間尚未普及，不過在年輕人之間，這種搜尋手法正急速傳開。想到這點，就覺得在推展事業方面，也必須加以因應才行。例如幾乎每天都在YouTube上針對鎖定的關鍵字發布影片，或是在發布影片後，一定也會在Twitter之類的社群平台上發文，這種做法會與年輕人用的搜尋法連動，將成為讓顧客人數迅速爆增的基礎。

## 在嚴重不景氣時，「宣傳」更能產生破壞性效果，攻擊型的SEO更顯重要

此外，透過知名商業雜誌、電視、廣播等大型媒體、演講等進行宣傳，也相當重要。**在宣傳當中，特別重要的就屬「贈送戰術」了。**

**「贈送戰術」是什麼呢？就是原本應該可能有金錢往來的交易，一開始也要全都免費提供。**這是已經靠本業賺取相當程度資金的人才能採取的戰術，不過，對於今後想打進大型媒體的人們來說，這是可以大力推薦的戰術。

尤其是在這種嚴重不景氣的情勢下，許多廣告主都對刊登廣告的花費趨於保守，那些大型媒體也都苦不堪言。在這種情況下，要是有哪位暢銷作家肯免費幫忙寫稿，或是哪位當紅藝人肯免費在節目中演出，一定會很感激涕零對吧。這種做法今後將會愈來愈多，就算沒有

名氣，但肯無償提供就會非常有效。沒錯，今後將會是不畏做白工的人，會迎來活躍表現的時代，這對年輕人來說是個契機。

的確，無名小卒要投稿到大型媒體會相當不容易。但還是有方法的，第一步得先「賣人情給暢銷作家」。暢銷作家當中，許多人都有自己的社群，你要想辦法參與其中，對他們提出的請求給出最快速的回覆。

例如我參加了幾個讀書沙龍，沙龍主人常會徵求主題選書的感想文。不過，儘管每個月繳了數千日圓的參加費，但能馬上回覆、發布讀書感想文的參加者卻是少之又少。讀書感想文的好壞不重要，只要持續做下去就能博得信賴，最後甚至能個別與他們討論出版事宜。

這是促成出版書籍，進一步轉為向大型媒體供稿的過程。

## 為了「得到引介」，必須送上合約書裡沒寫的＋α驚喜禮物，還要堅持到做出成果

此外，在今後的時代需要的心態，並非只有做白工的心理準備，還要有兩個很重要的想法。分別是**「送上合約書裡沒寫的＋α驚喜禮物」**以及**「堅持做出成果」**，配合上做白工的心理準備。要是能做到這三點，就會滿足條件，成為別人也樂於幫忙引介的專業人士。

首先談談＋α驚喜禮物。以我們的公司的情況來說，連同我在內的二到三名講師，負責十天×每天十分鐘的體驗課程。我們在網站上公布會由講師進行體驗課程，不過大部分顧客都沒想到這二到三名講師每天都會上課，所以此舉頗獲好評。此外，像入學考資訊等的「伴手禮」，多到讓顧客看都看不完，全都可以讓他們帶回家。正因為這樣，才能成功簽約。

此外，我在當作家時，也同樣留意此事。許多商業書的作者，都是在目錄完成的階段，

就將大綱交給編輯，經出版社的企劃會議討論後，才匆匆忙忙地開始寫稿。因此，不管過了再久，還是始終無法完稿，老是被截稿日追著跑，合作關係鬧得很不愉快。我則是在寫好十萬或二十萬字的原稿後，才交給編輯、開企劃會議討論。

接下來談的是堅持做出成果。用我的本業舉例也比較淺顯易懂，例如要是有十個人參加住宿集訓，至少也要有將近一半的人考上早慶上智才行，最好是能過半，這就是徹底展現成果。畢竟是很難考上的大學，要所有人都考試合格實屬不易，雖然我們補習班招生時不會篩選學生，但至少也要讓一半以上的考生上榜。一般來說，早慶上智是錄取率只有百分之十的大學，將這點也列入考量，我們的上榜率已堪稱是表現出色。當然其他考生大部分也都很用心準備，想考取MARCH（指日本關東地區低錄取率的五所大學，明治大學、青山學院大學、立教大學、中央大學與法政大學）與關關同立（指日本的關西大學、關西學院大學、同志社大學、立命館大學這四所）。只要學生沒中途退出，我們就不會放棄，會盡全力幫助他們考上。

作家的職業也是一樣。我從來沒有寫出暢銷書的經驗，所以經歷過一番辛苦的摸索。不過，在朋友暢銷作家矢內先生的協助下，盡了自己最大的努力。我的前作曾在Amazon商業經濟新書排行中位居第二，在紀伊國屋書店、淳久堂書店，則是位居創業部門新書第一名。不過，為了繼續寫出暢銷書，還有許多事等著我去做，現在也正一件件執行。

總之，**不問是否會做白工、送出＋α驚喜禮物，並做出成果**，只要能湊齊這三個要素，也就是帶給顧客遠遠超乎預期的好處，就一定會有人主動引介你。「我的顧客都不會向人引介我」，在發出這樣的牢騷前，不妨先盡力做好自己能做的事吧！

# 如何想出「不碰面就能賺錢的生意」

## 首先要思考「做不起來的生意」！

這時候要先試著對「不碰面就能賺錢的生意」所具有的特性展開思考。「不碰面就能賺錢的生業」與「面對面才能賺錢的生意」不同，不會直接和人見面，所以算是網路生意。既然是網路生意，如果是大家都認為「這個有賺頭！」的生意，就會有很多競爭對手，無法從中脫穎而出。**因此，有必要從大家都覺得「這我做不起來！」的生意下手。**

那麼，許多人都覺得「這我做不起來！」的生意，又是怎樣的生意呢？投入得要有執照、得要國家的許可、很難取得執照和國家許可、得要龐大資金、得要龐大人力……，像這類世人抱持保守觀念的生意正好符合。

看準這種行業來做生意，以兩個層面來看是相當合理：第一、此行業在目前的情況下，沒什麼競爭性，所以顧客常會感到極度不安和不滿。第二、想在該行業創業的人少，所以今後一樣沒什麼競爭性的可能性相當高。做生意的話，這兩點相當重要。

像「新聞媒體」、「證券公司」或「徵信社」等，已有大型企業存在，與「經營酒吧」、「經營美甲沙龍」或「轉賣」等相比，感覺比較難投入。對於這種行業，接下來會思考該怎麼做才有插足的空間。

## 現在就用100萬日圓去成立「新聞媒體」，你會怎麼做？

要是現在就得成立一個「新聞媒體」，你能想出怎樣的方式呢？「新聞媒體」一般來說是「大眾傳播」的一種，在成立時會用到許多器材，需要資本、人力與金錢。

的確，如果是「大眾傳播」的話，或許真是如此。因為大眾傳播誠如其文字的意思，是對應許多人（大眾）的傳播機構。因此理所當然地，他們著手的主題都是像總理選舉、大選等全國規模的新聞，而要在這樣的採訪攻勢中勝出，需要大規模的組織和資本。

不過，如果是「小眾傳播」，又會是怎樣的情形呢？經手的內容是自己所居住城市的市議會、鎮議會、村議會的事務，是掌握小市鎮上政治紛爭背後祕密的新聞媒體。像這樣的新聞媒體，其實以前往往是那些在學生運動中落敗的前革命家在經營，然而最近卻因為高齡化而紛紛倒閉。此外，我的老家在日本宮城縣仙台市，但如果光只談論這裡的事務，那也不會是門多賺錢的生意，但這當中就存在著商機。

舉例來說，以日本所有市鎮村為對象，其中一種做法是在每一個市鎮村都設立這樣的網站媒體，YouTube頻道也行。直接了當地一概不做任何採訪，只針對市鎮村的議會中討論的內容，取個聳動的標題、公開發布，光是這樣應該就能引來不少人瀏覽吧。因為許多人都對市鎮村議會中討論的內容不感興趣，所以平時幾乎都不會想知道。而光是將這樣的內容寫得聳動一點，就能期待它能獲取相當程度的瀏覽數和收益。此外，會搜尋市議會議員或市長名字的人，原本就對政治感興趣，因此可以投其所好，以某個引退的政治大老當招牌，成立專屬沙龍，或許也是個不錯的點子。比方「被美國封殺的前總理大臣」或「被中國封殺的偉大經濟學家」這樣，只要加上一些故事，應該就能招攬不少顧客。引退後閒得發慌的人，在政界出奇的多，要是推行得順利，或許能以某位意想不到的大人物當招牌。不管怎樣，這套生意手法應該還存有不少商機。

## 現在就用100萬日圓去成立「證券公司」，你會怎麼做？

如果現在就要成立「證券公司」，會有什麼樣的做法呢？我能想到的一種做法，就是成立「專做日本股、中國股、美國股『之外』的股票證券公司」。事實上，之前在考慮股票交易可行性時，我也深切體認到，要買日本股、中國股、美國股以外的股票，實在是困難重重，令我吃盡苦頭。

此外，考量在短時間內成立證券公司並不容易，先創立專做日本股、中國股、美國股「之外」股票的出版社，也是個好方法。乍聞要開一間出版社，似乎也很困難，但其實只要採用幾種方式，幾乎不用花什麼錢就能成立了。販售在書店上架的書，或是只在Amazon上架的書時都是如此。目前還沒人像這樣，先開間出版社，販售「泰國股季刊」或「越南股季刊」這類的刊物，是無人插足、尚有商機的生意。

此外，配合「泰國股季刊」或「越南股季刊」的內容，設立YouTube頻道、網站，引導民眾加入會員制沙龍，這也是一門生意。這時可以打出股票界的前大老當招牌，藉以賺取資金和實績，也是另一條成立新證券公司的路徑。如果具有執行力，能一路走到這一步，那些有財力的資本家就不會對你視而不見。

## 現在就用100萬日圓去成立「徵信社」，你會怎麼做？

接下來，如果是要成立「徵信社」，有什麼方法？「徵信社」就某個層面來說，算是「民間警察」。出面解決那些警察無法幫民眾處理的事，可以說這就是徵信社偵探的工作。

「徵信社」現今在加盟連鎖下，在日本已有麾下超過百家店鋪的大企業存在。我們試著來思考看看，在這種環境下想要勝出，有哪些做法。

如果是我來成立的話，我會先細讀法院的審理紀錄。至少從中蒐集一萬件以上以徵信社掌握證據而打贏官司的故事，將它們一一拍成影片。如果可以，由自己化身Vtuber擔任偵探角色，而提問的角色，最好找年輕女生來擔綱。這種影片一天要拍出一百支，三個月拍出一萬支。如此一來，當人們以「丈夫　男扮女裝　Gay　不倫」等負面的關鍵字搜尋時，徵信社拍的影片就會顯示在最前面。要是有這麼一家徵信社，可以準確地解決自己感到困擾的問題，應該就會有很多委託人上門請該業者幫忙吧。

## 不用親力親為（＝0接觸）的生意要訣，在於得親自操手的「原液」

再補充一點，**0接觸的生意，也就是在親自見面前構築出深厚信賴關係的生意。**而這種關係的泉源，是得親自操手的「原液」，也就是只有你才做得出來的內容之最初「泉源」。

只有你才做得出來的原因，可以想到各種要素。例如那是很小的市場，過去幾乎沒人想到，因此在現況下，可能只有你才做得出來。這種市場極小的產業，如果你已經插足其中，別人就不太可能從中獲取遠超過製作費的利潤，所以今後也不太可能會有新的競爭者出現；就算真的出現，憑過去累積的實力，應該也能一口氣戰勝對方才對。

此外，如果你的內容是過去沒人想說出的真相，就算有人因藏私而獲利時，你的內容一樣是歸你所有。像我的本業網路家教，過去一直都是鎖定這個市場的某個小領域，贏過其他競爭者，所以可算是前者的生意模式；而另一方面，這本書是說出過去沒人想說的行銷真相，所以可算是後者的生意模式。因為這本書問世、廣為普及後，應該會有很多網路廣告商就此無法再像以前那樣賺得荷包滿滿了。

就像這樣，親力親為（＝0接觸）的生意要訣，在於得親自操手的「原液」。唯有不吝惜投注工夫、不怕揭開禁忌，才能在不碰面的情況下做生意，實踐0接觸行銷術。

## 重要的是「做好小市場」、反覆累積、加以整合

雖然是「重視待人處事」的生意，但前面我還是針對「不碰面一樣能賺錢」的方法做了一番介紹。基本上，必須當面才賣得出去的商品，就是商品本身魅力不夠，基於這樣的想法，前面介紹了以下的做法：**徹底提高商品的魅力並加以宣傳，做好招攬顧客的引導線，這**

**樣在見面前就會獲得深厚的信賴，即使不碰面也一樣能拿下合約、商品熱銷、賺取收入。**

在提高商品魅力的要素方面，對於市場小的個案，要盡心去應對；至於大型個案，早已有大型的業者在應對，所以我們應該鎖定的是小市場的案件。如果是徵信社，會上網搜尋「丈夫　男扮女裝　Gay　不倫」的人，會是我們鎖定的目標。首先重要的是先應對這種小市場的個案。

像這種小市場的個案，反覆累積後要加以整合。每個人所面對的課題都不一樣。就這層含意來看，我們每個人都可說是少數群體。總之就是要不斷累積與整合應對少數群體的經驗，像這樣蒐集小小的第一名，接著很快就能成為大範圍的第一名。

在思考「不碰面一樣能運作」的全新生意時，「好好應對小市場的個案（＝做好小市場）」、「反覆累積小市場的案例」與「整合所有小市場案例」，這三點非常重要。

## Google、YouTube、Amazon、Twitter……在所有媒體上，除了自家的商品外，不讓其他有機可乘

而在反覆累積這種小市場的個案時，這些事例都要仔細留存下來。如果是大眾媒體，就要寫成報導、拍成影片；如果是補習班，就要寫成上榜經驗談、錄取考生訪問；如果是徵信社，就要寫成案件報導、拍成委託人受訪影片，像這樣反覆累積是相當重要的。

重要的一點是，在Google、YouTube、Amazon、Twitter……所有媒體上，不論是搜尋和自己本業有關的任何關鍵字，除了自己的商品外，一概都不能讓其他商品出現。總之，內容的分量得是其他公司的十倍，以此創造出內容的飽和和獨占狀態。只有獨占能創造利益，所以身為一名生意人，就要以獨占為目標。

此外，在製作內容時，重要的是不追求「以最小的努力獲取最大的效果」。如果能以最

小的努力獲取最大的效果，大家都會爭相模仿。重要的是（尤其是對不擅長面對面、氣場弱以及不善於競爭的人來說）要做到「以最大的努力獲取最小的效果」。總之要**專挑競爭對手覺得麻煩的事、太麻煩而沒什麼人想要做的事、一板一眼的顧客希望你做到的事**，這類事情來做。雖然說來單純，但異常重要。

## 不論再小的市場，第一名和第二名都有天壤之別，市場再小也要確保第一名。要掌握成為第一名的方法，確實地穩居首位

此外，不論再小的市場，第一名和第二名都有天壤之別。在商場中，基本上是不可能會有像共生共榮或是合作共享的事，不是贏就是輸，這就是做生意。而且當對方是第一名，你是第二名時，對方不可能會撤退；不過，你要是登上第一名，對方便很有可能撤退。如果能獨占市場，營收就能一口氣增加許多。因此，登上第一名非常重要，而不管再小的市場，都

要確保與掌握成為第一名的方法，確實地穩居首位。

如果不是平時就以第一名當目標，是不會明白該怎麼成為第一名的。以最大的預算打廣告時，會有幾位顧客上門、能讓幾位顧客滿意，這都只能一再經歷碰壁，反覆從失敗中學習。總有一天會明白，只要堅持下去就能站上第一名，這條路每個人走起來都不盡相同，但確實有這麼一條路。明白這個道理後，再來就只剩一路往前進了。就這樣持續穩居首位，在不碰面的情況還能簽下訂單，將得以成立真正意義下的「0接觸行銷術」。

# 來試著做「不碰面就能賺錢的生意」實驗吧

## 非常重要的是，先試著從小規模做起，分辨是否能賺錢

接下來即將針對「不碰面就能賺錢的生意」，邁入實驗階段。

人們在這個階段常說的一句話，就是「非常重要的是，先試著從小規模做起，分辨是否能賺錢」，這句話說得一點都沒錯。做過許多生意後，我常在想，會賺錢的生意真的就會賺錢；反之，不會賺錢的生意真的就不賺。這對顧客來說，也是一樣的道理。我們公司設下十天的免費體驗期間，接受小論文的修改以及考試諮詢，不過會簽約的顧客都是第一天或第二

天就想簽約、想繼續上課；相反地，一開始就決定不簽約的人，則是只會在免費體驗的期間把課上完，然後堅持不簽約。**因此，做生意重要的是從頭就要能賺錢、招攬一開始就想付費的顧客。**

舉例來說，我經營的是針對個人申請入學考和小論文入學考的專門補習班，針對私立大學是因為願意另外付費的學生多，比較有賺頭；至於國立大學的部分，除了像歸國生入學考這種極少數的入學考之外，會另外付費的人很少，所以沒賺頭。此外，在私立大學方面，以慶應、上智、青山這類印象中比較高尚的大學為目標會比較有賺頭；而以早稻田、明治、法政這類感覺比較粗獷的大學為目標則沒什麼賺頭。如果是關西一帶，同志社和關西學院大學比較有賺頭；關西大學和立命館大學則沒賺頭。同樣的，就算舉辦類似的入學考專門講座，講座的收益性也會隨著每所大學的特質而有很大的不同。

此外，招攬打從一開始就想加入的顧客也很重要。而在這方面，重要的是得招攬不排斥付費購買的顧客。就這層含意來看，比起看了網站而前來的，肯買書的顧客持續上課的可能性比較高；比起被網站這種能看考古題解說的「功能」所吸引的顧客，能從YouTube影片上看到「個人特質」而受此吸引前來的顧客，成交率更高。因此，與其花心思讓網站在搜尋引擎中名列前茅，還不如花心思讓書賣得暢銷，或是增加看YouTube影片的人，顧客比較可能會就此增加。至少，如果想提高付費率，這麼做會比較好。

就像這樣，著手的事業目標、招攬顧客的媒體所具有的微妙差異，都有助於讓成交率的差異達到兩倍以上，這就是網路生意的妙趣所在。

## 不過，大部分新事業「小規模的開始」，都小到顧客難以發現

另一方面，「非常重要的是，先試著從小規模做起，分辨是否能賺錢」的言論，感覺常會讓創業家和新事業的負責人掉進迷宮、困在裡頭。

首先，創業家和新事業負責人眼中「小規模的開始」，與使用者眼中「小規模的開

始」，有很大的層級差異，必須對這點有所認識才行。我的YouTube頻道現在已發布了一千多部影片，而我的補習班網站上也發布了三千多篇文章，但我認為這樣還不夠。所以今後對YouTube頻道，預定在一年的時間中增加約三倍的影片數量；網站也一樣，尤其是會促成收益的五百篇文章，我打算每篇文章花費1萬日圓的成本，重新仔細地寫過。以兩年為單位來看，YouTube頻道也預定將影片數增加為現今的十倍；而網站方面，雖然會視反應而定，不過打算增加至現在文章篇數的十倍，或是一篇文章要比現在多出十倍的成本經營。

這時候有個非思考不可的問題，那就是儘管我做了這麼多，但看在顧客眼中，我們只是眾多個人申請入學考的專門補習班之一。換句話說，就算有這麼多動作，也才只是達到「顧客認定我們是眾多個人申請入學考的專門補習班之一」這樣的程度而已。目前我的補習班在這一類業者當中，考上早慶上智的學生數在全國位居第四位，而在只做網路補習班的業者當中，則是位居第一，不過如果連校舍型補習班也含在內，則以整體來看，我前面還有三家公司。今後我會投注兩年的時間投資，想辦法擠進前三名，如果可以也會猛打廣告，想登上首位寶座，不過事實上這目標很不容易達成。競爭就是這麼激烈，當創業家還在說「首先要試著從小規模開始」時，從使用者的角度來看，就只是停留在「找不到」、「難以認識」的層級而已。

## 要做到以創業家、新事業負責人心想「會不會做過頭了」，還要再多出十倍、百倍的量，顧客才會發現你

這是大阪維新會的前黨魁橋下徹先生說過的話，當初在成立新政黨時，他廣發傳單和名片，搭新幹線四處趕場，如果不是拎著寫有「大阪維新會」的公事包上車，他是絕對無法獲勝。對此，我有真切的感受，所以再清楚不過了。

**要做到以創業家、新事業負責人心想「會不會做過頭了」，還要再多出十倍、百倍的量，顧客才會發現你。**就算把書擺在書店裡，頂多也只是看得到書背，賣出一、兩本書，但大部分情況，連要映入顧客眼中都沒辦法。我之前以書店通路出了五本關於小論文的書，而

以Amazon限定販售的方式，則是出版了二十五本書，但我認為這樣還有待加強。如果曾經參加過大學入學考的日本人，應該都會明白以下的舉例：名氣響亮的大學入學考題庫書「紅書」，每年針對三百多所大學的考古題所編成的紅色書本，一字排開，看到那壯觀的畫面讓人不禁想起考生時代吧。有如此驚人的出書量，才得以將「說到題庫，非紅書莫屬」這樣的印象深植顧客心中。其實關於大學入學考的題庫本，在日本另外還有「白書」、「黑書」、「綠書」跟「藍書」，各家補習班旗下的出版社有各種不同名稱的書籍出版，但一問到大學入學考的題庫，會聯想到這些書的日本人應該不多。事實上，「藍書」在解說的品質上比紅書還要高，但就像劣幣驅逐良幣的道理般，最近藍書的存在感顯而易見地變淡薄了。

總之，非得製作出極度大量，而且具有攬客效果的內容不可。要投注相當的金錢，盡可能用心製作好的內容並大量對外傳播，否則根本沒人知道，這就是商業的世界。尤其是網路商業的世界，除了最顯眼的商品外，其他都被視為「不存在」，這樣的傾向愈來愈強烈了。

## 要製作出能徹底激起對方慾望般的首頁照片或影片，否則商品賣不出去

此外，在內容的製作方面，詳盡的解說和出色的內容本身雖也不能馬虎，不過更重要的是構成要能對人類的本能和心中慾望產生影響力。然而，要人們很實際地去想像未來，似乎非常困難（至少對考生來說），以我們補習班來說，都是請慶應大學的俊男美女在網站或YouTube影片上露臉，好讓考生們能想像自己考上後的美好生活。

不論是服務還是商品，都必須是在邏輯上很優異的服務或是在功能上很優異的商品，這當然很重要，不過更重要的是感性。只看了一眼就會讓人心想「只要用了它，今後就有美好的生活在等著我」，製作出這樣的服務或商品非常重要。如果服務無法很直覺式地將這個想法植入人心，就絕對無法流行。因為人們活在世上，並非是為了多麼崇高的目的。

## 徹底思考顧客真正的慾望為何？能針對這個慾望，戰勝競爭對手嗎？

必須認真思考，顧客真正的慾望是什麼。慾望的種類五花八門。如果你想打造一個反應熱烈的網站，就必須盡可能多激起人們的慾望。

舉我為例，我們是針對早慶上智的網路家教業，經營升學補習班，會大量將面容端正姣好的員工照片放在YouTube影片和網站上，考生能藉此想像自己考上大學後的美好生活。此外，也可以放上許多畢業生的採訪。如此一來，就能聯想到畢業後會有很好的職業和收入。

也或許會有真的很喜歡念書，想獲得更高的學力、知識跟內涵的考生。因此，在每個不同的時間點，都必須竭盡所能地用心編製教材。然後每年不惜成本地投注資金，逐年重編教材。看起來好像人人都能做得到，但其實一點都不容易。不過，就是因為每年重編教材，才能製作出顯示排名在搜尋引擎最靠前，具有壓倒性實力的網站。

這種打動用戶的重點，在行銷用語中稱之為USP（獨家賣點）。總之，不論是要安排服務還是製作商品，都必須盡可能多將USP放進商品或是促成商品的導線中。如果你的事業只具有一項優點，一旦競爭對手模仿了這項優點，那一切就全都完了；不過，如果對事業全體投注了一百項巧思，對每項商品也投注一百項巧思，對手要想全部掌握、一一模仿，可就沒這麼簡單。**比起只有一項具壓倒性的優勢，擁有瑣碎的一萬個優勢其實更難模仿，能長期發揮競爭優勢。**

## 首先，全力做好就算沒錢，也能做的事！

此外，應該在創業、成立新事業之初，就砸下重金嗎？關於這點，眾說紛紜。尤其事實是投入網站製作，或是在Amazon上出版，在累積出豐富內容之前，很難展現出成果。想到這樣的情況，有人會馬上就用Google打出關鍵字搜尋廣告，大力推薦「用金錢購買時間」的想法。而另一方面，近年來要靠Google的關鍵字搜尋廣告來獲利，已愈來愈難。

那麼，該怎樣思考才好呢？

我認為，如果想盡快讓事業轉虧為盈，我就應該全力投入YouTube，只要做YouTube就行了。雖然YouTube也會因鎖定的搜尋關鍵字不同，而很難顯示在靠前的排名。但有個利用YouTube來輕鬆招攬觀眾的方法，那就是頻頻發布YouTube Live。會看YouTube影片的，以有空閒而且孤獨的人居多，而且現在（二〇二二年）YouTube本身傾全公司之力投入YouTube Live，所以**不管再怎麼微不足道的YouTube Live，只要有發布就會湧入驚人客群。不論是直播商務、即席授課，還是解說政治局勢，要說什麼都行，總之YouTube Live非做不可。**

只要做YouTube Live，接下來再剪輯Live影片，加進縮圖、字幕、背景音樂，就能直接在YouTube上發布，也能在CrowdWorks（日本的群眾外包平台）上雇用便宜的人力幫忙轉成文字、製作成網站內容。此外，如果能加以整理文字內容，便能在Amazon上出版，也能出版成書籍、在書店流通。YouTube Live能夠通向條條大路。

## CP值最佳，且立刻見效的YouTube

我在前面已再三提及，就算與Amazon出版、書店通路出版、SEO與社群平台相比，還是YouTube的CP值最佳而且立刻見效。為什麼它會這麼強呢？那是因為YouTube是極具真實性的媒體。而且排斥看書的「類文盲」出奇地多，這種人願意觀看也是很重要的一點。

之後我會再詳述，不過話說回來，人們是不會跟陌生人買東西的。像Amazon這類的電子商務網站，近年來展現爆炸性的成長，所以大家容易投以關注。儘管如此，在日本的商業交易中，改換為電子商務交易的，頂多只有百分之八左右，其他仍是實體交易。尤其是像家教這種服務，幾乎可以說至今仍都是實體交易的天下。

有鑒於這樣的狀況，要將商品賣給百分之九十五喜歡「實體」的人，重要的是得做到徹底的真實。考量到這點，YouTube可說是最適合的媒體。此外，為了贏過實體服務、買賣的商品，過人的便利性和品質就顯得特別重要。

到底怎樣才算是過人的便利性和品質呢？在此試著以網路家教的案例來做介紹。

先來談過人的便利性，便利性是只要按個按鈕就能馬上詢問、會確認學生每天的課題進度、能在家上課，由這些累積而成。總之，它很講究流程的流暢性，甚至必須設計從網站到服務的動線引導。另外，關於過人的品質尤為重要的是，每年重編教材，以及接受志願大學或科系畢業的講師親自指導，而且他們是以同樣入學考形態考上的（這是很理所當然的事，但令人意外的是，校舍型的補習班往往無法做到這點），在這些部分有所堅持。

# 擴大「不碰面就能賺錢的生意」的方法

## 「容易擴大的生意」與「不易擴大的生意」的差異

在思考要創立「不用與人見面就能賺錢的生意」時，我想針對「容易擴大的生意」和「不易擴大的生意」的重要概念做一番說明。

首先是「容易擴大的生意」，它的典型範例就是連鎖店。例如7-ELEVEN、宜得利、Mister Donut、「和民」經營的居酒屋等，這些店經手的商品種類各有不同，但其共通點就是連鎖店，採取的機制是在許多店面大量推展一致的商品。

而另一方面，「不易擴大的生意」的典型範例是講求工匠風格的店家。「京味」或「喬爾．侯布雄（Joël Robuchon）」就算是其中之一（很遺憾，京味我還沒去過，就已歇業……）。喬爾．侯布雄的總店在法國巴黎，但在日本惠比壽也有分店。我個人喜歡旅行，所以兩邊都有去過，巴黎總店提供的菜餚給人新鮮的驚奇感，服務散發著性感（雖然員工有男有女，不過很適合用性感來形容）。

在此稍微提一下喬爾．侯布雄，巴黎的總店與惠比壽的分店皆有其共通的概念，但感覺卻像是完全不同的店。因此，只去過分店的人，若有機會請務必也要到巴黎的總店光顧。

為什麼惠比壽與巴黎這兩家店會有這麼大的差異呢？那是因為這種工匠風格的店家，沒有統一訓練出店長的指南手冊；而所謂的連鎖店，都擁有能統一訓練出店長的指南手冊。因此，只要對社會人士進行一定期間的訓練，就能以相當高的機率將員工培育成店長。而另一方面，工匠風格的店家則不是如此。

## 既然是由「討厭與人接觸」的人經營，就只能做「不易擴大的生意」

這時候該思考一個問題，既然是由「討厭與人接觸」的創業家、新事業負責人來經營，那該選擇「容易擴大的生意」還是「不易擴大的生意」呢？雖然這始終都只是我個人的意見，但我認為「討厭與人接觸」的創業家、新事業負責人，應該要投入「不易擴大的生意」。這是因為每種生意的組織構造都有所不同。

在「容易擴大的生意」下，創業家、新事業負責人的工作會很徹底的集中在人際關係上。主要的工作是以不高也不低的薪資雇用一般資質的員工，並加以教育，所以會一再累積人際關係的壓力。實際閱讀和民的創業者渡邉美樹先生寫的書就會知道，在店面的草創時期總是會忙著應付從收銀機裡偷錢的員工。

另一方面，「不易擴大的生意」又是怎樣呢？這種生意在擴大時需要工匠，所以可以期待與職業級的專業同仁之間展開愉快的溝通。不易擴大的生意基本上單價也高，所以比較有財力能雇用好的人才。不論是委託設計網站、委託寫廣告文案、委託教材製作、委託指導學生，都能和該領域具有專業性的第一線職業人士展開溝通，有品質的溝通令人愉快。如果只是和自己熟悉的人交涉，人際關係的壓力將會銳減。以做生意來說，這是很難賺大錢的領域，不過至少可以安心過日子，就這點來說，再也沒有比這更好的職業了。因此，「討厭與人接觸」的人應該選擇「不易擴大的生意」才對。

此外，選擇「不易擴大的生意」的另一項優點，**是因為它不容易擴大，所以不易有大資本進入，競爭性不強。**這對「討厭與人接觸」的創業家而言，是無法忽視的要點。他們容易感受到壓力，若被要求要因應步調飛快的變化，可能會累積很大的壓力。若是這樣，就選擇不講求去適應步調飛快變化的工匠型行業，這樣才能獲得內心的平靜。

**加以歸納後發現，必須得和形形色色、眾多不特定人士交涉的，就屬「容易擴大的生**

**意」了。在這個世界討厭與人接觸這種個性相當不利，因此推薦做「不易擴大的生意」，經營用最少的溝通就能運作的生意。**

## 如何將「不易擴大的生意」擴大到可以自由享受生活的水準？

話雖如此，這是在擴大時會有限制條件的「不易擴大的生意」，要將規模擴大到可以自由享受生活的水準，相當困難。它與課題在於供給體制的連鎖店不一樣，不像連鎖店只要再另外打造一間同樣的店面就行了；這種規模不易擴大的生意，每次只要想擴大規模，就非得創造出新的需求不可。此外，想稍微擴大規模時，一定得推出新產品，而鎖定的客層與購買動機大多也和原本經營的事業不同，所以會一再嘗到「生產的痛苦」。

在這種情況下，想將「不易擴大的生意」提升至可以自由享受生活的水準，每個月可以自由使用的金額要有100萬日圓（也就是每個月的毛利能達到100萬日圓），該怎麼擴大才好呢？如果是負責新事業的公司員工，想要每個月不被說閒話地有可自由使用100萬日圓經費的權利，又該怎麼做才好呢？

其中一種方法是擁有自己一套「市場地圖」。在此稍微介紹一下什麼是市場地圖吧。

舉例來說，在製作各種新商品的過程中，會逐漸摸清楚當中的市場傾向。如果是我的本業網路家教業（這始終都是以我公司的情況來說）：

○不只限早慶上智，那些報考舊帝國大學（指東京大學、京都大學、東北大學、九州大學、北海道大學、大阪大學與名古屋大學）歸國學生入學考課程的人，也都很富裕（派駐海外工作者，或是在國外事業有成的日本創業家的子女）。

○如果是針對外國人入學考，比起中國人，南韓人在簽約率、平均顧客消費金額與合格率方面都比較好（因為南韓一流階層的人都是到日本留學，而中國一流階層的人則是到美國、英國留學，二流階層的人才到日本留學）。

○若依大學大致區分，比起早稻田，針對慶應、上智的收益性更高；比起明治、法政，針對青山學院大、立教的收益性更高。如果是關關同立，針對關西學院大和同志社的收益性會比較高。另外，關東大學的收益性也會比關西大學來得高。

○比起一般入學考，推薦入學考的收益性更高；比起國立大學，私立大學收益性更高。

就像這樣，可以大致劃分出能賺錢和不賺錢的生意所構成的地圖。在思考新商品時很重要的是，要將心思投注在增加賺錢的商品上，不賺錢的商品則不要碰。此事感覺很理所當然，但創業家卻往往不是以賺不賺錢為考量，而自以為是地開發新商品。新手會這麼做還無可厚非，但關鍵是累積了一定程度的資料後，就要往會賺錢的方向推出新商品。

## 「一個人可以獨力完成的事實在太少」這個難題

此外，當你漸漸一個月能有100萬日圓的毛利時，就算從事的是比較多樣化的網路生意，還是會深受「一個人可以獨力完成的事實在太少」的難題所苦。想開發新商品或是擴大事業規模時會發現，一個人可以獨力完成的事實在太少。

這時會想增加員工，但同樣會出現難題。同樣的工作雖然自己能做得駕輕就熟，但能一樣輕鬆勝任的員工實在是少之又少。

就算是因為「討厭與人接觸」而無法出外上班的人，當他一個月能獲得100萬日圓毛利時，已算是工作能力過人。在創業和成立新事業時，會發揮宛如「大聯盟選手養成器具（漫畫《巨人之星》主角穿戴的投手鍛鍊裝備）」一般的作用。如果員工擁有和自己相同的工作能力，那麼他早已能獨立創業了，所以要求員工做比自己還要高的工作量，就太過苛刻了。

舉例來說，我花了整整三天寫成這本書的初稿。換句話說，是以一天三萬字的速度執筆寫書。我自己抓一字1日圓的稿費，請員工執筆寫廣告文案。如果一天能寫三萬字，就會有3萬日圓的收入，要是全年無休的工作，年收就超過千萬日圓，這麼好的工作上哪兒找。

但員工卻完全沒半點進度。他說**一天不可能寫得出來三萬字**，既然他這麼說，也沒辦法勉強，所以我改為讓員工去做他擅長的考古題解說工作。每個人的強項不一樣，工作的動機也不同。就算是完全不想為錢工作的員工，有時想為了學生編出好的教材，或是想增加工作夥伴等等的動機，便會很熱中投入工作。如果是有一定規模的大企業，工作的動機會集中在同樣的標準線上，所以提高金錢報酬的重要性可能會就此提高；但如果是小規模的事業時，由於原始資金就不高，所以要從金錢以外的動機去找尋行動的要素，在這部分一定得多加留意，要讓員工能愉快工作。

## 思考划算的員工時薪

基本上，工讀生為教材執筆時的薪資，就算是工作速度極慢的人，也要支付1千200日圓，而工作速度快的人，則能支付2千日圓左右的時薪，我都是以這樣的標準來思考。關於時薪的設定，與投資的想法大致相同。計算略微複雜，但想在此稍做介紹計算方式。

首先，要事前預測委託的工作將會招攬來多少學生、提升多少營收。計算利潤的固定支出向來都是一定的金額，而且費用不高，人事費則多少會隨著營業額波動，但只要營業額達一定程度以上，就能保有相當的營業利潤，所以我都只做大致的計算。

至於廣告、YouTube影片、書籍、SEO，我會依推出多少的內容量和稿量，預測能招攬多少學生，並依據過去的資料展開細部分析。當然，如果是以一個月為單位，會產生很大的偏差，但如果是以一年為單位，預測就有相當的準確性。

接下來，如果只占營業額的百分之四到十（會因時期而有所不同），就算用在YouTube影片、書籍、SEO上也無妨，我會以這個原則來分配預算。實際上，我在編預算時，都是控制在營業額的百分之四左右，想提高營業額時，則會大手筆的砸下百分之十的預算。有時營業額目標未達標，也會砸下超過百分之十的預算，只要是划算又可靠，就會不惜成本的投注預算。因為與其說這是支出的經費，不如說是投資，可視為一直延續下去的資產。雖說是資產，但既不會對這項資產課所得稅，也不會有固定資產稅；若看作是經費，一年就能一次還清，找不到這麼好的投資了，而且又可靠，好幾年都不用再多花錢，還會主動將顧客送上門來。若沒做這樣的投資實在可惜了。

不管怎樣，像這樣編列一定的預算，在這筆預算中，將能夠委託處理的最大工作量交由員工去做。想要外包也行，不過，如果以成果的質量來看，比起毫無忠誠度可言的外包廠商，還不如委託以前補習班裡的學生或是關係深厚的員工，這樣才能製作出持續吸引優質顧客前來的好內容。因此，最近我幾乎把所有教材和廣告的製作工作都委託給他們去處理。

## 怎麼也付不出高於最低薪資的時薪時，已深陷在事業計畫的陷阱中

有時確實會出現計算後，怎麼也付不出高於最低薪資時薪的狀況。不妨試著思考一下，當出現這樣的狀況時，容易落入的陷阱。

基本上，如果深陷在這種陷阱中，可能是因為跟自己原本預想中的顧客反應率差太多。以廣告的情況來說，問題會顯現在廣告點擊率、詢問率、體驗課參加率、簽約率或客單價上，就算是在YouTube、書籍、SEO的情況也一樣，當詢問率、體驗課參加率、簽約率、客單價中的某一樣出現嚴重問題時，不管員工再怎麼請求，也付不出高於最低薪資的時薪，甚至還低於最低薪資，確實會出現這樣的狀況。

當出現這種狀況時，得先思考的是，可能某部分的工作自己做得太草率了。例如：

○廣告點擊率低……廣告訊息沒與顧客的購買動機連結。

例）沒清楚記載考試合格的實績、沒提到會讓目標客群感到心動的上榜案例。

○詢問率低……不知道詢問方法、沒有詢問引導。

例）沒時時顯示詢問鈕、沒有會激起人詢問念頭的優惠。

○體驗課參加率低……顧客詢問時，應對方式欠佳。

例）沒馬上回信、溝通方式沒給人安心感或信賴感、對顧客沒有足夠的奉獻精神。

○簽約率低……對簽約感到不安、沒傳達出希望對方簽約的感覺、沒展現出多樣性的商品陣容。

例）進行諮詢輔導的講師並非畢業自顧客心中理想學校或學院、聯絡窗口缺乏或吝於分享對志願學校的應考知識。

○客單價低……沒能提出具多樣性的商品陣容、平時的交談令人感到不信任。例）缺乏對個別學生的每日關懷和用心、平時就有多次遲到、失約、隱瞞等這類讓人無法信賴的行徑。

光是進行這種小部分的改善，帳面數字與過去相比，便會有難以置信的增長。

此外還有個容易遺漏的部分，那就是發布的廣告、YouTube影片、書籍、網站的品質太低，以致反應率不佳。這也是常有的事，甚至可以說，網路生意做得不順遂，大部分原因都出在這方面。這些問題各自該如何因應的重要觀點，我會在後半段詳加說明。

## 找出能按時交出高品質成果員工的識人法

雖然討厭與人接觸，但如果要完全不雇人，是很難擴大商業規模的。因此，要如何才能不浪費溝通成本？請以這個觀點思考。不過，在那之前，必須先知道一個最基本的道理，那就是**「找出能按時交出高品質成果員工的識人法」**。

首先，在「按時交貨」這方面，在CrowdWorks上委託是最好的做法。一般來說，在CrowdWorks上有實績的登錄者，都會按照截止日交貨。另一方面，CrowdWorks登錄者對雇主幾乎完全沒有忠誠心，也幾乎沒有個人的人際關係，對雇主、雇主的公司、事業都沒有特別偏好，所以內容的品質是其重要的課題。

關於內容的品質，實際驗收後就會明白。CrowdWorks登錄者的優先考量，是按照交期交貨後可以拿到報酬，所以基本來說，他們幾乎都不會聽從瑣細的指示，所以會遇到的問題會是在，如果他們覺得這是一位可以打混帶過的案主，就會肆無忌憚的偷懶打混。此外，幾乎所有競爭對手都同樣可以委託登錄者工作，所以當你委託CrowdWorks登錄者工作時，商品的品質就無法有差異性，必然無法爭取到懂門道的顧客。至少在教育界，這些顧客也很有可能支付高額消費，所以要是放著這個客層不去爭取，事業早晚會觸礁。

以我的情況來說，周遭有對我抱持好印象、考上大學的前補習班學生以及他們的學弟妹們，我該思考的是如何讓他們成為戰力。這當中尤其需要具備能看出「找出能按時交出高品質成果的人」的好眼力。

以結論來看，不管是誰都會看走眼，所以不太能過度指望。因此，一開始要先委託瑣細的工作，看出誰能做好這些工作，就能進一步委託較重要的工作；在對方喊停之前，盡量多給他工作嘗試，要徹底讓對方達到能力的極限。在這樣的過程中，有人因此成長，有人停步不前。一個人是否會成長，在工作上的承受力能展現何種程度，都得看個人的表現而定。

# 第二次創業、成立新事業時往往會忘記首次歷經的艱辛

在「什麼是『行銷』？」那一節，我談到「認真做生意」，不過，首次創業、成立新事業時，許多人都是認真做生意。因為是第一次，當然會對是否能做得順利感到不安。因此，在首次創業時，許多人都很認真的製作商品，最後贏得小規模的成功。

問題在於第二次。第二次的創業、成立新事業，真的可說是如入魔界。創業在首次製作商品時，大多會很順利，但第二次時，就會有諸多不順，最後在無法擴大規模的情況下，就此變得拖拖拉拉、落入陷阱中。我自己也曾落入這樣的陷阱，甚至可以說現在正深陷其中，無法自拔。

第二次創業、成立新事業的困難之處，在於「第二次的創業、成立新事業，其實與首次同樣辛苦」。我這麼寫，感覺好像很理所當然，但包含我在內，許多人都忘了這點。痛苦往

往經歷過就忘了，我們人類原本就不會一直記得痛苦的過去。因為要是一直記得痛苦，精神將會崩潰，人的構造是用來忘記痛苦。但嚴肅的事實是「第二次的創業、成立新事業，其實與首次同樣辛苦」。

雖然很理所當然，不過，**第二次創業、成立新事業時，也必須要和首次一樣，或是投入更多熱情來製作商品。**若做不到這點，顧客就不會買單。如果會與新領域的員工、外包人員、顧客往來，人際關係方面的問題也一樣，不難預見會發生以往不曾想像過的各種問題。有九成的問題雖可以靠典型的案例就能解決，但想要解決剩下的一成則需大費腦筋。

基本上，必須先對創業充滿艱辛有所認知。要徹底貫徹「0接觸行銷術」，重要的是對與人來往所引發的各種問題，要盡可能防患於未然，將人際關係的煩惱降至最低。

## 沒有變化，等在後頭的就只有倒閉、退出事業與離職

照前面所說，不就表示只要一味持續販售「第一次創業、成立新事業」的商品就行了嗎？但這其實也有它的困難之處，沒那麼輕鬆。

首先得了解一項事實，那就是**「沒有變化，等在後頭的只有倒閉」**。

先談談我個人的經驗，當初創業的主軸是「針對慶應義塾大學一般入學考」的「小論文」。不過，現在會在這個市場（有辦法）刊登廣告的，只剩我們一家。這是為什麼呢？

因為在新冠疫情下，有一半「針對慶應義塾大學一般入學考」的「小論文」市場，已經被消滅了。說得更仔細一點，以往來自網路參加「慶應義塾大學一般入學考」的顧客，可分成兩種，一種是原本就家庭富裕的考生；另一種是已在其他大學就讀的「打算重考」考生，

這種考生會一邊打工，一邊支付考試費和網路家教的上課費用。

但在新冠疫情下，後者的市場一下子全沒了。而過去刊登廣告的競爭對手也跟著消失。

我很幸運的是，在二〇一〇到二〇二〇年的這段時間，我們慶應大學的錄取率躍升五到十倍左右，但我也看出，和股價一樣這應該已達到天花板。因此，一方面也是因應學生們的要求，我將主軸從一般入學考轉往富裕階層的考生較多的個人申請、推薦入學、歸國生入學考。就像這樣，展開「第二次創業、成立新事業」，所以原本的事業才沒倒閉。

第2章

# 「0接觸行銷術」的

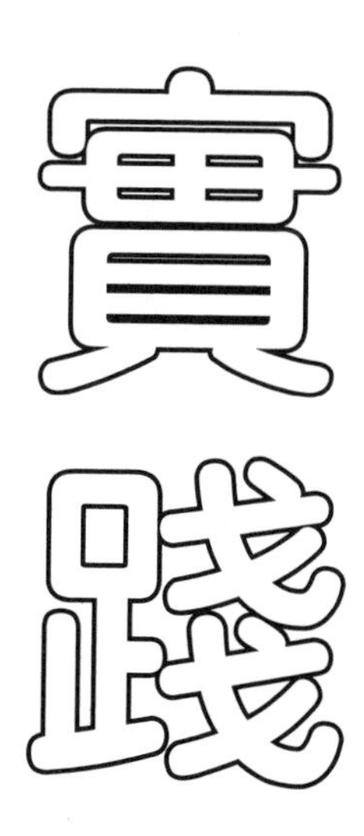

# YouTube、Amazon、Google、社群平台、Google Ads，哪個最能賺到錢？

## 不花錢就能做到的宣傳、廣告，其CP值與「真實性」呈等比

首先介紹一個原則：不花錢就能做到的宣傳、廣告，其CP值與「真實性」呈等比。

舉例來說，網路教學中最有人氣的，是有黑板、有講師，用黑板寫字教學指導的做法。不管科技再怎麼進步，這點還是沒變。事實上，日本規模最大的網路補習班Studysapuri，以及南韓的同業MEGA STUDY，也是採有黑板、有講師的這種簡單形式進行網路教學。

現今電子黑板和各種簡報工具問世，在技術革新不斷推進的情況下，人們為什麼還是喜歡有黑板和講師的教學方式呢？因為那是我們一開始在學校上課所看到的使用者介面。一旦習慣後，就會覺得只要有人在（就算實際的教學不容易理解也無妨），就易於學習。事實上，我有位朋友是擁有十萬多名訂閱者的YouTuber，他說很多用戶只要從畫面中看到人（就算談話內容聽不懂也無妨），就會覺得好懂。

儘管電子商務已如此發達，但電子商務在所有商業交易中，仍只占了百分之十左右的比例，其他人所選擇的都是實體的商業交易。實際上，許多人喜歡在超市購物，更甚於網路購物；而如果是買服務，而不是商品的話，更是偏愛實體交易。因此，以現今來說，就算要在網路上賣東西，重要的還是「真實性」。比起用文字來交流，人們更喜歡用聲音、影片來交流，所以在購買商品或服務時所用的媒體也是，比起寫了一百萬字的文字，短短三分鐘的影片往往是最後的決定關鍵。**比起用文字道盡一切，還不如一支短短的影片，更能促成人們掏錢購買，這就是網路行銷的世界。**

此外，從事網路生意時，基本上要以「有真實感，高品質」當作前提，不過還是必須找出為何要使用網路的理由。例如我之所以要每天做十分鐘的指導，也是因為如果每週只有一次一小時的指導，那就贏不了真人家教的教學品質。所以我每天都會和學生聯絡。

## 「YouTube」的強項在於「壓倒性的真實感」，原本人們就不會跟陌生人購買服務

根據這個前提來看，YouTube果然是個有壓倒性優勢的行銷工具。

經營YouTube頻道，最重要的就是別藏私以及不說謊。

自從YouTube變得如日中天後，一些以詐欺手法經營事業的網路家教同業，轉眼都無法再刊登廣告、紛紛倒閉。為什麼會產生這樣的變化呢？那是因為YouTube是實體媒體。我的

競爭對手們原本也相當眼尖，紛紛開始經營YouTube，但他們一部影片的播放次數只有一、兩次，也就是說，幾乎沒人在看他們的YouTube影片。這是為什麼呢？

因為比起文字，影片更會讓人察覺到詐欺師的腐臭味。就算說的是滿口謊言，但如果用文字呈現，則不會讓人察覺到「欺瞞的臭味」。只要是有點文字功力的人，會用引人誤讀的詐欺手法來誆騙顧客，藉此長期生存下去。但在YouTube影片上沒辦法做到這點。

詐欺師的YouTube影片幾乎都沒人觀看，最後逐漸消失，這想必是因為YouTube等影片媒體傳達出比文字更多的資訊吧。不管字面上寫得再好，但只要眼神游移、沒有自信、說起話來有氣無力、聲音沙啞、連字幕也沒有，明顯在編輯方面很偷懶、跑出詭異的人偶，呈現出怪異的氣氛，用戶看了便無法信任這個人。**正因為這樣，詐欺師的YouTube才會以驚人的速度失去影響力。**

相對的，以直率的態度面對人生，雖然人有點土氣，但這種YouTube影片往往能打動人心。雖然文章並不精湛，但自信活得比誰都還要認真的人，請開始經營YouTube吧。

## 「Amazon」的強項在於簡單，所以容易讓人在衝動下購買

那麼Amazon呢？Amazon當然也不差，只要在網頁介紹文的地方插入影片，就能充分保有真實性。不過比起這點，**Amazon更棒的地方在於它「原本就是個買東西的地方」。**

我們試著將網路比喻成一般的城市吧。YouTube是市公所前的露天舞臺，有各種表演者前來表現各種技藝，但觀眾當中有許多看熱鬧的人，並不是每個人都有錢；而Twitter更慘，熱中於政治活動，有閒沒錢的人總是在此聚集，就像工會辦活動的場子一樣。TikTok、Facebook、Instagram，大部分的社群平台也都有這樣的特性。

不過，Amazon的情況呢？它的迷人之處在於這裡是個買東西的地方。Amazon是購物中心，所以可以在這邊賺到錢。

不管在YouTube上變成多紅的YouTuber，真的能賺到的錢還是少得可憐。就本質來說，業配案件就如同是香油錢，難保哪天就沒了。把自身長相置於大眾面前，所以當然也會有風險。連像我這樣的小補習班業者，平均每五百人當中，就會有一名教過的學生或課程體驗者來突擊我家；再算上曾發言預告要突擊我家的，平均每一、兩百人當中就有一位是這樣的麻煩人物。這並不是單一案例，不論哪家補習班，只要是從事服務業，總會遇上這種難以應付的客人。YouTuber是會呈現在大眾眼前的職業，所以無法避免這方面的風險。

關於這點，Amazon可就厲害了。因為會在那上面販售商品的公司，大部分人都不在意是由誰經營的。當然了，誰都可以在Amazon上販售商品，所以上面的競爭相當激烈。不過，還有很多不同的做法，能在這裡盡情販售現有的出版社不敢出手的小眾書籍，就算以商品來說，也仍有許多待開發的空間（之後會詳述相關做法）。

這是我試著在Amazon販售過各種商品後得到的結論，可以很確定地說，**會讓人衝動購**

**買的商品果然厲害。**例如大學入學考的考古題冊，就是這種商品。尤其是報考私立大學，考生都是在一時衝動下報考多個學院或是多種入學考，所以尚未有其他人出過的主題書就很有機會被他們買下。股票投資和求職活動也是同樣的道理，可以鎖定這樣的市場。

## 「Google」的強項是只要被說服就會購買，但要是不在搜尋結果前三名內，就跟不存在沒兩樣

Google的情況呢？**Google的優點，在於搜尋的人正在找尋這項東西。**YouTube也有這樣的要素，但這方面Google更強。它不像Twitter、TikTok、Facebook或Instagram一樣，顧客會很自然地聚集過來，而是想要找尋的人主動上網搜尋。在那當下顧客充滿了不安和不滿，所以賣出商品的可能性相當高。

而Google有點可惜的地方是，只要不打廣告，就無法引導至商人想展示的頁面去。

Google始終都是預測顧客想看的網站，讓它顯示在前面。因此，如果是以「上智小論文考古題」來搜尋，就會跑出上智大學推薦入學考小論文的考古題解說頁面。但其實我想傳達的是「只要接受本補習班的修改就能考上哦」，而網站上的卻只有考古題解說頁面。當然了，用戶也都是「想免費看考古題解說」的人們。當中有些人會來參加體驗課程，但他們原本的搜尋動機就只是「想免費看考古題解說」，所以與因廣告和書籍而前來詢問的體驗生相比，很難成功簽約。

藉由Google搜尋而前來的顧客，他們看待商品的眼光大多很嚴格。會對前面三家公司做過一番比較後，再決定是否要簽約。就這點來說，他們和其他顧客不一樣。有的顧客是透過影片前來，只要喜歡影片就會馬上簽約；有的是透過書籍前來，只要喜歡書籍就會馬上簽約；有的是透過廣告前來，只要喜歡廣告就會馬上簽約。

不過，藉由Google搜尋而前來的顧客也一樣，始終都只會以排行前三名的公司做比較。實際上，如果要再進一步比較，以人類有限的認知能力實在有困難。因此，以Google

搜尋時，如果能擠進前三名，可能性便會大增。之後我會詳細解說，如何以Google搜尋時鎖定的關鍵字打進排序的前三名。

## 「社群平台」的強項，在於靠個人魅力促成購買，但我沒有個人魅力，所以……

那麼，社群平台該如何運用在生意上呢？有很多人都推薦運用在商業資訊等方面，但我個人一點都不推薦。如果擁有個人魅力，能獲得許多人的共鳴和加油，就能利用社群平台來做生意，但因為我對自己的個人魅力完全沒自信，所以我的Twitter都是隨筆雜談。

將社群平台用在生意上的可怕之處，在於一天二十四小時，時時都得扮演跟隨者眼中的理想發文者。明明是討厭人際關係的煩擾才投入網路生意，但一整天（而且大部分都沒錢可賺）為了跟隨者，非得持續扮演他們眼中的理想不可，會是極度累積壓力的情緒勞動。

而基本上創業家永遠都隨時處於疲憊不堪的狀態，因為某些業務做不到放手交由別人來處理，所以必須要逐漸取消只由單人負責的工作模式；而另一方面，如果任何人都做得到的工作，馬上就會被模仿而不再賺錢，這就是創業家的兩難。

基本上我打造出的公司結構，是公司裡的員工彼此都能做對方的工作，但如果是其他公司的員工則做不來，用心讓它成為我就算放手也會自行營運的工作，這是要在競爭中勝出，或至少在競爭中不會落敗所不可或缺的要素。想到這點，就不推薦將社群平台用在生意上。

## 「Google Ads」的強項，在於能將「目標用戶」引導至「希望對方看的內容」

前面介紹了各種媒體的運用方法，最後來談談Google Ads吧。關於Google Ads，在本書的後半還會進一步詳述，不過，在此先介紹最重要的部分。

**Google Ads最大的優點，在於它能將「目標用戶」引導至「希望對方看的內容」。**接下來我會分別詳加說明。

首先談的是「希望對方看的內容」。不用說也知道，所謂「希望對方看的內容」是會讓對方想使用該商品服務的內容，但一般的Google策略（SEO）無法做到這點。Google基本上是將用戶應該會想看的網頁排在前頭，卻未必是網站製作者最想讓群眾優先看到的；而另一方面，在Google Ads下，能將用戶引導至「希望對方看的內容」，也就是讓對方看了之後會想使用該商品服務的內容。這就是Google Ads壓倒性地勝過其他媒體的第一項優點。

接下來談第二項優點，那就是能加以引導「目標用戶」。首先，在一般像Google這類的搜尋引擎下，基本上網站總監無法像「對搜尋哪個關鍵字的用戶顯示哪個頁面」般，對此加以引導。當然了，透過標題命名、加標籤、類別等的安排方式，可做相當程度的引導，但終究有其極限。此外，如果一進入網站，就馬上跳出詢問的視窗，用戶看了這樣的設計不會想長時間停留，網站也沒辦法顯示在搜尋的靠前排名。

但在Google Ads下，不管是何種設計的網站，只要設定「我想在搜尋這幾個關鍵字的人面前顯示廣告」，就能在目標用戶面前顯示廣告。如果光靠SEO，是得不到如此壓倒性的成果，而Google Ads是能獲得成果的泉源。

我先補充說明一下，我的補習班二〇二〇年在完全沒刊登廣告的情況下，考試合格人數和課程參加人數都創新高，所以光靠自有媒體和YouTube影片也能招攬顧客。雖從二〇二一年起又再度刊登廣告，但這純粹是基於不想讓機會白白流失。想以考試合格人數的市占率來戰勝其他補習班，因而在對手刊登廣告的媒體上，我也想在划算的範圍內刊登廣告。

# 如何運用「YouTube」打造「不碰面也能賺錢的生意」

## 「YouTube」的CP值絕佳，是「0接觸行銷術」的救星

本書再三提到，「YouTube」的CP值絕佳，是「0接觸行銷術」的救星。

**YouTube的出色之處，在於它只要拍攝一次，就能一再重複使用。**就連今天在寫這份稿子的當下，我的影片一樣會播放，在淡季時一天播二十四小時左右，在旺季時一天播四十八到七十二小時左右。也就是說，我的分身就算是在淡季，每天也都會工作一天的量，如果是在旺季，則是兩到三天的量。這麼好的事，可說是打著燈籠都找不到。

此外很出色的一點是，只要自己拍好影片，接下來就不用和人碰面，影片中的你會自己拉進訂單。光只有看過我的文章或是我們廣告的人，大部分都會對我感到半信半疑，但看過影片的人，則往往打從一開始就百分之一百二十地相信我。正因為這樣，從顧客前來參加體驗課程到簽約的這段流程，與只看過我的書、只看過我的網站或只看過廣告的人相比，看過影片的人在簽約的過程顯得特別成功順利。

## 你或許「討厭與人接觸」，但事實是大部人都「喜歡與人接觸」

當初我實際經營YouTube頻道，兼著經營小小的網路家教補習班後，發現了一件事——「討厭與人接觸」的人只有極少數，基本上，世上大部分人都「喜歡與人接觸」。

舉例來說，如果是在YouTube上，不管長得再醜，最好都還是要露臉，露臉比較好這件事與長相美醜沒多大關係。如果是帥哥美女自然更好，但就算長得醜，還是應該露臉經營YouTube比較好。依然會得到一定的訂閱者人數，世上總會有人喜歡具有特色的長相。

此外，在我的網路家教業中，最受歡迎的商品就屬「入學考前的十天住宿集訓」了。唯有在這段期間我會破例外出，熱絡地與人們展開交流。結束後，我會累得筋疲力竭，長達半個月到一個月的時間什麼事都沒辦法做，儘管如此，我每年還是一定會舉辦四次。包含平時因為有精神上的問題而無法去學校的學生在內，約十到二十人齊聚一堂，在這十天裡一同於集訓地點作息。主要是由員工從早到晚負責指導，而患有失眠症的我則是負責晚上到早上這段時間的指導。真正的睡眠時間約四小時左右，在這十天裡，被迫展開將近兩百小時的苦讀，是相當辛苦的集訓。儘管如此，想參加的人還是絡繹不絕。許多過去成功上榜的學生也前來參加，看來渴望與擁有同樣目標的人們展開交流的學生還真不少。

我從這樣的實踐中得知，大部分人還是喜歡與人接觸。體認到這個事實後，在招攬顧客的媒體上以推出帶有真實性的動態內容為主，有時還會強打精神舉辦粉絲交流會，對某些業界來說，這是必要之舉。

## 「YouTube」重要的不是「頻道訂閱人數」，而是「有購物意願的觀看次數」

話雖如此，生活中要在意太多人的反應會形成壓力。與其過著這麼不自由的生活，還不如找家公司上班還比較好。認識你的長相和名字的人愈多，風險愈高，而為了防範風險所做的花費也會呈等比增加。競爭對手也會日漸增加，而更加劇競爭。

因此，如果想要賺錢，最好想個用最少的露面獲取最多利益的方法。營收愈多，麻煩事也愈多，所以要想好一個能獲得較多利益的方法。廣告費的增加是顯而易見的，但客單價卻沒那麼輕易就能增加，後面談到Google Ads時，我會再詳加說明。因此，要先假想好是否真的有利可圖，不管是廣告、YouTube還是Amazon，都必須採取適當對策。

**在經營YouTube頻道方面，重要的不是增加「頻道訂閱人數」，而是增加「有購物意願的觀看次數」。**兩者看起來相似，其實大不相同。例如發布像共同考試這種誰都能參加的考試解說，大量獲得約一萬人規模的「頻道訂閱人數」，但他們只會在留言欄裡寫一些沒助益的抱怨，幾乎完全賺不到錢；而另一方面，如果是針對具有相當財力才能參加的入學考推出影片，假設看這部影片的人只有百來位，但這百人有可能最後會以顧客的身分付錢。如果有人問該經營哪個頻道才對，我的答案當然是後者。

## 如果要投注時間和金錢，只要投注在「縮圖」和「字幕」上就行了！

不過，影片根本沒那麼多觀眾會看，也不知道會不會賺錢，實在不想在影片編輯上砸太多錢，我當然很明白這種心情。就像我前面所說，廣告費或與其類似的YouTube影片製作費、教材製作費、書籍製作費、SEO費用……這類的花費會愈來愈多。而另一方面，客單價卻不會迅速提升。因此，YouTube影片製作費要投注多少資金才會有效果呢？相反的，投資過多又會成為浪費，這都必須事先掌握好拿捏標準。

YouTube影片的編輯也是好壞皆有，以我的情況來說，基本上都是以次頁表1的方式來製作影片。雖然會隨著業界而有所不同，不過，除非是要鎖定很大的市場，不然一部影片花1萬日圓通常會覺得不太划算。如果是關於小眾的市場，請參考次頁表1的基準。

## 最為合理的方式為以「YouTube」教方法，以「個別諮詢」跟「集團沙龍」賺錢

此外，最好別太指望從YouTube本身收取的收益報酬，以及向企業承接的業配案件。**在**

表 1

# YouTube影片製作的相關成本標準

## ◉ 分鐘數　5分鐘左右

一部不加字幕的教材影片，製作一個小時就能發布，如果獲得好評，就加上字幕重新發布。

## ◉ 預算　演出者＝一天1萬日圓、拍100部片

這個價錢要請到當紅YouTuber有困難，但如果是沒接過業配案的YouTuber，初次合作可能會接受這個價格，一部片（5分鐘）約100日圓。如果是在東京租借拍片場地，場地費也得花費差不多的金額。加字幕則是一部片（5分鐘）約300日圓；加縮圖則是一部片（5分鐘）約300日圓。

## ◉ YouTube&LINE官方帳號&Twitter的發布設定

一部片約50日圓×3

一部片總共約花費1000日圓，每天早晚發共發布2部影片，則預算是一個月6萬日圓。要每天發一部片也行，但如果能每天發2部片，則造訪次數也會大增。以小眾頻道來說，就算發再多片也沒什麼不同。

## ◉ 頻道訂閱數　自己鎖定的市場之半數

如果是小眾生意，有1000人訂閱的話就太好了。基本上，如果有鎖定市場的一半人數訂閱就太好了（以我的生意來說，是我投注心力的大學、學院的個人申請入學考考生一半的人數）。隨著對象逐漸擴大，頻道訂閱數便會自動增加，所以沒必要時喜時憂。重要的是每個月會有多少新的顧客是透過頻道前來的。

## ◉ 沒有預算時

只要事先改變模板，就能製作縮圖、自行做發布設定、自己加字幕，將成本減至最低，這也是個方法。

**YouTube上最好的做法，是盡可能以最少的頻道訂閱數，獲得最多的收益，而且是從自己的本業獲取的收益。**從YouTube本身獲取的收益報酬起伏不定，而承接的業配案件，也會因景氣的好壞而大幅波動；但如果是自己的本業（雖然本業市場也常會有突然消失的風險），要是每年都會開發新產品的話，就不會一下子突然所有生意都做不下去。

要將YouTube影片與自己的本業連結，轉化為收益，最好的做法是不吝傾囊傳授方法，然後引導至個別聽取具體情況的「個別諮詢」，或是像粉絲俱樂部這類的「集團沙龍」。

先來談「個別諮詢」，就算再怎麼不吝提供方法，接受的一方也無法完全消化吸收，而且接受的一方，每個人的情況都不相同，所以必須配合各自的情況提供建議。這樣的建議很受歡迎，是會讓人願意掏錢的生意。

接著談另一個「集團沙龍」。在這種沙龍下，不光只有主導人，就連其他參加者的表現也會成為主導者的收益，很適合放手讓它自行運作所以是個很好的生意。不過，難就難在參加者的動機，如果不先用心經營，給予參加者金錢以外的報酬，參加者就不會熱中發言，最後將成為乏人問津的沙龍。走到這一步可就糟了。

考量到這點，「個別諮詢」雖然耗費時間和精力，但相較之下比較穩定。

## 捨不得給的YouTuber，無法吸金

此外，我一再用不同的方式說過，捨不得給的YouTuber，無法吸金。

為什麼捨不得給不行呢？看YouTube影片的人，如果有一百人的話，可能其中九十九人不會發現你捨不得給，但為什麼還是不該有所保留呢？因為發現你捨不得給的那一個人，很有可能就是你的最佳顧客人選。這可不只限於YouTube影片，不論是網站還是書籍，也都是同樣的道理。為了不讓最佳顧客人選就此溜走，絕不能捨不得給或是偷工減料。

如果問做生意要找懂門道的人還是不懂的人，哪個會比較輕鬆呢？當然是和懂門道的人做生意才輕鬆。對此，有許多不同的看法，例如有位做大事業的金融創業者曾留下一句名言「要從有錢人身上賺錢很辛苦，從窮人身上賺錢可就輕鬆多了」，這句話也是事實。不過同樣的事實是，和懂門道的人做生意比較輕鬆。這到底是怎麼回事，我來詳細說明吧。

首先，和懂門道的人做生意，若從經濟學的原理來說是很辛苦的一件事。得花多少成本、會得到多少利益，用常理來想，面對懂得這一切的對象，想要高價賣出確實有所困難。在這層含意下，剛才提到的那位做大事業的金融創業者所說的那句話一點都沒錯。不過，另一方面，像教育業這種服務產業，販售的是肉眼看不見的商品，不懂門道的人會將商品的價格估得比成本還低，或是認為沒有付這筆錢的價值。不曾因為學歷而得到好處的父母，往往不懂學歷有多大的價值。因此，像我們這種產業，就得向懂門道的人販售商品，生意才容易談得成。而另一方面，當然也有跟不懂的人做生意會比較輕鬆的業界。

## YouTube發布的頻道介紹影片，最好是有美女在側（不論什麼商品介紹，都贏不了本能）

此外，在行銷方面重要的是，不光邏輯正確，還要能夠撼動人們的感性。例如我發布的影片，除了教材以外，幾乎所有影片中都是和員工中的美女或帥哥一起入鏡。最近就連教材也都是請美女員工入鏡。因為美女就算只有出聲，也還是一樣美。

這件事在行銷上可不容小覷。不管內容再正確，要是由模樣陰沉的男性來說，則看影片的人會全部跑光，這是在行銷實務常發生的事。許多人在看對方時，重視的不是談話的內容，而是對方的模樣。有一本很出名的書，名叫《你的成敗，90%由外表決定》（繁體中文版由平安文化出版），若以我個人的感覺來說，一個人外表的重要性，占了百分之九十九・九。因此在行銷時，比起發布的內容，更重要的是發布內容的演出者穿了什麼服裝、怎樣的外貌、呈現何種態度，這些直覺的要素更為重要。

# 如何運用「Amazon」打造「不碰面也能賺錢的生意」

## 「Amazon」的優點在於簡潔的購買流程，會誘使人們衝動購買！

如同前面所寫，Amazon壓倒性勝過其他媒體的優點，就是Amazon是用來購物的網站。而Amazon還有幾項很出色的特點，那就是簡潔的購買流程，能誘使人們衝動購買、店家的初期費用與營運成本便宜、物流具有壓倒性優勢。我們就一一看下去吧。

先來看Amazon簡潔的購買流程，容易誘使人們衝動購買這一點。舉日本樂天網站為例，一般在購買商品前，得先閱讀很長一篇名叫LP（銷售頁）的商品說明頁面，所以往往不容易引人衝動購買。我的本業網路家教也會用銷售頁來招攬顧客，所以這麼做本身並沒錯，但就為了賣區區數千日圓的東西，非得一一寫登錄頁面不可，這對賣家來說很費工夫，而對非得看這個頁面不可的買家來說，也同樣費工夫。關於這點，Amazon只靠少許的說明和影片，大家就會願意購買，給人一種安心感。

此外，Amazon與其他對手相比，它的開店初期費用與營運成本便宜許多，具有壓倒性的魅力。如果以出版社的身分出書，最近有推出許多初期費用和營運成本都零圓的出書方式。就算是要賣其他商品，在Amazon開店的初期費用和營運成本也遠比其他方式便宜。如果是在日本樂天開店，營運成本一個月至少要5萬日圓，想要銷售好更是少不了大量的廣告。此外，Amazon也不會有頻頻跟你聯絡、糾纏不休的業務員。

除此之外的重點，作為購物網站，Amazon的物流就是快。也有許多用戶使用Kindle所以電子書也容易銷售、也沒有其他商品的宅配服務能比它快。此外，宅配可以完全丟給Amazon處理，這也是其優點。

## 該如何構思企劃一本加入「衝動購買需求」的書？

我也曾透過自己公司的出版部門，出版過許多書，所以在此特別針對在Amazon賣書時，該採何種企劃會比較容易加入「衝動購買需求」，展開一番思考。

容易加入「衝動購買需求」的書，首推對人生階段的轉折點會有所助益的書：升學、就業、跳槽、結婚、離婚、生產、搬家、分居、死別……。什麼都好，只要是處在人生的這些重要分歧點時，能派得上用場的書，就容易加入衝動購買的需求。以下來思考幾個案例。

例如升學，考古題合集就是個典型的代表。在日本不論是國中入學考、高中入學考，還是大學入學考，日後升學的學校會對人生帶來很大的影響。想到這點便覺得，要就讀的學校必須多加幾所放進候選名單中。關於入學考的形態也一樣，應該要各種都有，以供候選之用。基於這樣的考量，考古題合集可說是容易產生衝動購買的商品。

另外，就業也具有類似的特性。因為日本的求職活動並沒有特別的報名限制，所以也有求職的學生一次就應徵了一、兩百家公司。許多求職生和他們的父母都很在意，進入面試第二關、第三關的公司，究竟是怎樣的公司，所以要是有本書會針對這家公司寫下約十萬字的詳細內容，想必會有一定的人數購買。而同樣的情形也可用在股票投資上。

如果與結婚有關，就是婚友社；如果與離婚有關，就是律師事務所或徵信社；如果與各種醫療有關，就是針對各地區風評好的醫院和風評不佳的醫院整理出的資料庫；而關於學校的選擇想必也會有同樣的需求吧；除此之外，對於寺院和葬儀社，或許也會有這樣的需求；另外，關於政治人物，一旦有困難時又可以倚賴誰呢？如果只是地方層級，這方面的資訊少之又少。因此，也需要這類資訊。

不管怎樣，雖然比不上商業出版社的步調，不過仔細想想，有需求的資訊還真不少。選哪個能押對寶，沒試過誰也不知道，不過，至少可以確定這當中存有商機。

## 光靠賣書就已經賺了不少，但如果書本能引介顧客前來光顧，那就更棒了！

之前我已大致寫下今後出版事業可能會需要的主題，但應該要選哪個著手，就得看你的本業而定了。基本上，以出版的方式著手的主題，最好與自己的本業有著深厚關係。如果仔細學會出版事業的新創立方式，當然就能靠出版事業創造營收，不過單靠出版社能創造的營收始終都很微薄。靠出版能賺取的收入只能當成零花，要明確將它定位成對自己本業的一種引導並加以推動會比較好。

如果你經營升學補習班，自然是非得鎖定幾所學校的考古題出版全集不可；如果是一般補習班，販售自家補習班周邊學校的月考猜題也不錯；如果光靠附近的學校做不了生意，不妨連全日本各國中的人事異動和老師們的傾向也一併掌握，販售考前猜題，這樣也很好。全日本的國中約有一萬所、高中約有五千所，所以要是能徹底做到這點，確實有它的商機。在這方面徹底鑽研而急速成長的，是倍樂生公司。

如果經營婚友社，有個好方法是可以試著自行占卜最近結婚藝人的婚姻運勢，並出成書；在新興宗教的團體中，也有靠這種做法成功的團體；針對求職學生或股票投資家而對各公司做的評價，其實光憑公開的資料就有很多內容可寫；如果是經營求職補習班或股票投資補習班，不就有現成的做法了嗎。

如果經營醫院，就針對醫療法多寫幾本書也不錯；如果經營學校，就多寫教育方法的書。不管怎樣，都需要有將書當作是一種宣傳媒體來看待，這種彈性的想法。

## 在Amazon評論中容易得五顆☆與不易得五顆☆的書

此外，在大量出書時，如何看待Amazon評論也很重要。我自己是在寫過各種類型的書之後才發現，書本當中可分成容易引來負評的書，與容易引來好評的書。關於兩者的差異，其實與每本書的品質沒多大關係。倒不如說，與書本的類型息息相關。

例如我的前一部著作《即使憂鬱，也能創業活下去》（繁體中文版由青丘文化出版），收到評論和評價都非常好。有百分之八十五的讀者給它五顆☆或四顆☆。能有如此好評的理由，或許多少有一點是書本身寫得好，不過我認為這本書的類型才是影響最大的。

基本上，憂鬱症患者都是「憂鬱親和型」這種極為正經的個性。這種個性是一遇上什麼壞事，就認為是自己該負責，而一味的自責。這類人往往心地善良，所以大家也都給我的書好評。

另一方面，在學習參考書方面，就算寫出好書，也得不到多好的評論。一來也是因為考生的精神被逼得很緊繃、暴躁易怒，而且考生當中有一定比例的人喜歡把責任怪到別人頭上，但更多的負評是來自補習班同業的誹謗中傷評論。補習班業界基本上是由獨立的業者組成的世界，往往新的比較能賺到錢，而長時間能有穩定收入的人相當少，所以才導致這樣的結果。

就像這樣，Amazon上評論的好壞，與其說是取決於書籍身的好壞，還不如說是取決於出書的類型。想到這點就會明白，對Amazon的評論大可不必過於在意。

# 如何運用「Google」打造「不碰面也能賺錢的生意」

## 「Google」的強項，是能最大化顧客停在「自己的世界」的時間

接著來談談靠著Google前幾名搜尋結果來招攬顧客的這類型事業，該思考哪些事。

在Google的搜尋結果中排序靠前，為自己的網站招攬來許多顧客，並簽下許多合約的這種生意模式，有各種優點和缺點。

先從幾項優點開始介紹。基本上「只要搜尋的排序穩定，每年就能獲得數量穩定的顧

客」、「只要寫過文章，既有的內容就會長時間持續替你賺錢，和YouTube或社群平台不一樣」、「就算沒露臉，一樣可以營運，所以自己暴露在風險中的可能性低」，這些應該就是靠著Google前幾名搜尋結果來招攬顧客的較大優點。

那麼，它又會有哪些缺點呢？首先的一大問題是，當生意很依賴在Google搜尋結果中的靠前排名時，要是搜尋結果變得不穩定，會發生什麼情況。就算是上市企業，有些公司也會因為這樣的變動而蒙受巨大損失。此外，因為沒露臉也會錯失一些原本可以獲得的銷量，最近的現狀是要是網站不和影片連動，在Google上就很難保有靠前的排名。

另外，要降低影片內容製作的成本有個方法，那就是在YouTube Live上拍攝長影片，之後再將它切割成幾段，各自標上字幕、製作成文章，在長尾關鍵字的搜尋中取得靠前排序，這也是一種做法。不懂得使用這招，就會變成網站營運沒與YouTube頻道連動的缺點。

瑣碎地說了這麼多，關於這方面，接下來會再詳細解說。

## 在「Google」上「沒擠進搜尋排序前三名」等同「沒救」

一般來說，在Google上「沒擠進搜尋排序前三名」，意思等同「沒救」。因此，鎖定的關鍵字無論如何也要想辦法擠進搜尋排序的前三名。

首先，在鎖定的關鍵字方面，為了擠進搜尋排序的前三名，有件非做不可的事，就是一開始的市場選擇。本書主要提到的是網路行銷，但我自己在開創生意時，並沒加入像網路行銷這種競爭對手SEO能力超強的業界。雖是在升學補習班的產業下，但一般入學考補習班最近也逐漸有SEO的專家加入，所以我目前都以針對個人申請入學考為主。此外，今後要進軍其他專門的入學考時，我打算盡可能加入SEO競爭能力較弱的市場。

**有多少擅長SEO的競爭者加入戰局，只要用自己鎖定的關鍵字試著搜尋看看就會明白。**例如用自己想鎖定的關鍵字搜尋時，出現業者排行或是比較網站時，表示這個市場已經是有「SEO專家」加入的業界。像這樣的業界就不該加入。

接著，當以置身在競爭對手很弱的市場，就算該使出的SEO策略都用上了（這具體指的是什麼，後面會詳細說明），但搜尋排序還是擠不進前三名時，就要思考「外部對策」了。SEO的「外部對策」，指的是像多媒體這一類有許多人造訪的網站，再從那張貼連結到自家公司的網站；至於「內部對策」，則是對自己公司網站的類別構成進行最佳化，多寫一些與常搜尋的關鍵字有關的文章。

而「外部對策」實際要怎麼做，之前我已大致介紹過。不過，有個具體方法就像我現在所做的，透過大出版社出版一般大眾書，順便再撰寫許多文章，向大型媒體投稿，以獲得大型媒體的網站連結，這招非常有效。二〇二一年，報考上智大學的考生到我補習上課的人數，是往年的兩倍之多，而且我連一毛錢的廣告費都沒花。我寫這本書原本的目的，也不是為了版稅，提高自己公司網站的搜尋排序才是我的主要目的。

## 分辨關鍵字會不會賺錢的方式

雖然以SEO策略鎖定的關鍵字排序要擠進前三名很重要，但更關鍵的是得要思考**「話說回來，鎖定的關鍵字排前幾名，真的就會賺錢嗎？」**我聽了許多人的搜尋引擎策略後，發現他們大多欠缺對這部分的檢視，非常令人意外。

先來談談搜尋關鍵字。關鍵字賺不賺錢與否有明顯的差異。究竟兩者是怎樣的差異呢？

簡單來說，「會賺錢的搜尋關鍵字」是已採取行動的人會搜尋的關鍵字；相對的，「不賺錢的搜尋關鍵字」則是尚未行動、只是有點興趣的人會搜尋的。這之間有很大的差異。

介紹幾個具體的案例吧。在網路家教業，提到「會賺錢的搜尋關鍵字」，指的是像「慶應考古題解說」或「上智小論文考古題」這類，已經開始解考古題的人們才會搜尋的關鍵字。對已經開始解考古題的人來說，會希望有別人幫忙修改，所以只要能提供滿足他們需求的服務，就有充分的理由讓他們自願掏錢。

另一方面，也有不賺錢的搜尋關鍵字。具代表性的案例就是像「ＳＦＣ　偏差值」或「ＳＦＣ　後悔」等，這類的搜尋關鍵字幾乎可以說完全賺不到錢。我也針對這類的搜尋關鍵字寫過文章，但從來沒發生過依此搜尋前來的人，之後成為好顧客的案例，而對這些關鍵字下廣告更是浪費錢。萬一已經對這種關鍵字下廣告的話，就馬上停止吧。總之，這種關鍵字只是在看熱鬧，是完全沒行動的人才會看，絕不能為此下廣告。

## 就算在Google擠進前面的搜尋排序，但營收還是沒增加的原因

前面針對「如何才能在Google的搜尋結果下取得靠前排序」說了許多，但其實也有必要補充說明，光是在Google上獲得靠前的排序，商品還是一樣可能會賣不出去。

首先，如果光是製作網站，而沒和YouTube頻道連動的話，就會錯失只要露個臉就能得到的營收。而且從最近的狀況發現，如果不與影片連動，在Google上也一樣很難保有靠前排序。前面介紹過降低製作內容成本的方法，也就是在YouTube Live上拍攝長影片，然後再將它分成幾個部分，各自加上字幕、做成文章、在長尾關鍵字的搜尋中取得靠前排序。如果沒和YouTube頻道連動，就無法使用這個方法，製作網站內容的CP值也不會好到哪裡去，就結果來看，將會眼睜睜地錯失營收。

關於製作內容的CP值，還有一件我非提及不可的事。那就是等花費已經長期達到一定程度的數字後，再繼續大筆追加費用，結果一樣會意外的划算。

前面我也曾稍微提及，**在行銷上，就算有九十九個人沒發現，但只要那剩下的一人會發現，你就非得留意不可。因為這個人是最懂門道的顧客，而且很可能也是最捨得花錢的那位。**這個公式尤其適合套用在教材製作上，我最近真的是不惜成本地在教材上砸錢，因為用功的學生一眼就能看穿教材的品質好壞。因此，如果是在製作教材上毫不妥協的補習班，就會博得信任，另一方面，在製作教材時敷衍以對的補習班則不會受人信賴。像專門販售股票投資資訊的公司，這一類針對高級人士提供服務的所有公司，都適用這個道理。

## 如果只是要增加營收，多刊登Google Ads是合理的做法；如果是要提高利潤，則必須要在Google上取得靠前的搜尋排序

下一節會再詳述Google Ads的部分。不過，基本上我想表達的是**「如果只是要增加營收，多刊登Google Ads是合理的做法，如果是要提高利潤，則必須要在Google上取得靠前的搜尋排序」**。

說得誇張一點，想提高營業額很簡單，只要拚命打廣告就好，即使會出現赤字也無妨。這麼一來，或許會有赤字，但是能明顯增加營業額。真正困難的是要確保獲利，同時又增加營業額。廣告費會花很兇，但客單價卻沒那麼容易提升。也或者有很多以下的情況出現：之

前是販售顧客終生價值（Lifetime Value, LTV）高的商品，但擴大廣告時卻錯失好的市場，而無法取得同樣的商品刊登廣告，就此無法像以前一樣提高收益，這種案例相當多。

所以考量到上述情況，重要的是除了廣告之外，預先擁有幾個能得到顧客的途徑。

不論是在Google上確保靠前的搜尋排序、以YouTube增加造訪率，還是獲得書籍帶來的顧客，這些方法一旦只要投資過，就會半永久性地持續招來顧客。與廣告相比，它能提高許多收益性。以我的印象來說，如果能以營業額的百分之十左右固定投資在內容上，就能確保有一半以上的顧客非經廣告前來。就算完全停止投資在廣告和內容上，還是會持續一年左右，新冠疫情時這幫了我很大的忙。萬一有什麼情況發生時，這可是充當救命的降落傘。

基本上，Google策略以及來自YouTube、書籍的流量，都不是馬上能顯現效果的方法。它們是在慢慢累積的情況下，逐漸展現效果的一種方法。

因為有這種情形，而出現一種說法，認為一開始要將Google Ads與其他內容製作合併使用「用金錢買時間」。我並非全盤反對這個說法。

不過基本上，在創業時心存「用金錢買時間」的想法，卻往往都會失敗。因此，要先同時大致擬定對內容和廣告的製作計畫，好的做法是如果進行順利就集中投資。除此之外，不再無謂地花錢，這是「守」；既然要做就得有效，這是「攻」，這兩者是極其重要的。

## 雖同為搜尋排序前幾名的網站，能否提升營收和利潤的決定性差異

儘管搜尋排序在前幾名，但營收和利潤都沒提升的網站，與一旦搜尋排序擠進前幾名，營收和利潤都提升的網站，兩者之間有什麼樣的差異呢？

我從剛才就一直提到，與YouTube頻道連動的網站，營收容易增加，搜尋的排序也容易上升。不過，就現象和結果來看，這始終都只是呈現這樣的傾向，而它所展現的本質位於更深層的部分。那究竟是什麼呢？

**那就是顧客不會向不正經的網站購買商品。**

所謂不正經的網站，很難具體以案例來加以說明是哪種網站。不過，至少我可以說，顧客都具有看穿不正經網站的眼光。

舉例來說，競爭對手的一位學生，就只是在慶大入學模擬考中，「剛好」連續兩年都考到第一名（附帶一提，後來本公司學生連續兩年贏得第一名，奪回寶座），他們就打出「創下連續兩年慶應考試全日本第一佳績」的宣傳標語，寫得好像考試合格的成績全日本最多似的。此外，慶應大學的入學考只要是錄取，就不會公開分數，而對於考試分數，有業者甚至打出「由成績前百分之十的講師負責評分」這樣的廣告。不過坦白說，這位業者現在已經沒辦法再刊登廣告了。不正經的公司，果然是必敗無疑啊。

擠進前幾名的搜尋當然也很重要。如果排序沒在前面，顧客根本不會發現你，所以說這是件很重要的事一點都不為過。然而，如果擠進了靠前排序，還是沒顧客上門，這可就是個大問題了。想要避免這種情形，最重要的就是消除事業的「不正經感」。

這對我自己來說也是一場戰役。自己是否消除掉自家事業中的不正經感、是否都沒偷工減料、是否都沒使詐騙人？我每天思考這些問題。如果有在意的地方，就馬上請員工修正。總之，我為人正直地過日子。這會促成Google的搜尋結果有穩定排序，也會帶來穩定的收益。就算使詐而在搜尋引擎中獲得靠前排序，或是使詐而帶來暫時的營收，這都不會長久。

## 製作網站的要訣，就是「以1萬日圓買獨棟房屋」

寫到使詐，我就想起一件事。世上有許多做網路生意的惡質業者，當中有人尤其惡劣，那就是網站製作業者。我不想說他們全部都是壞蛋，但我幾乎可以說十個人當有九個是壞蛋。因為新冠疫情的緣故，許多業者都想投入網路生意，但另一方面，能製作好網站的業者很少。儘管這也是無可奈何的事，卻還是很過分。

我在CrowdWorks接受承包者提案後，假設來了十個自稱是製作網站的工程師，當中大概有兩到三人，會拿不是自己製作的網站來謊稱是自己一手製作來應徵。世界上真的有很多這種人。話說回來，有辦法製作出好的網站，讓它成為做生意的工具，充分發揮功能的人，真的少之又少。我甚至可以說，在百位自稱是網路工程師的人當中，只有一位可以發揮上述的水準。就像要蓋獨棟房屋一樣，因為不需要具備建築師資格，也沒有什麼建築基準法，所以才會出現這種混亂狀態，但現今這狀況未免也太不像話了。

在這種情況下，我推薦人們**在製作網站時，要把握「以1萬日圓買獨棟房屋」的原則**。獨棟房屋？1萬日圓？乍聽之下，應該有很多人會感到不可思議，不過，在這個不管怎麼抄襲都不會增加費用的網路世界，這一點都不足為奇。也就是說，他們只要直接向業者購買熱門網站所用的網站WordPress模板，再加以改造就行了。只要看過熱門網站的HTML碼，這用的是誰做的模板，全都寫在原始碼當中，所以才會直接買下再改成自己的風格。

用1萬日圓買下網站的模板，再加以改成自己的風格。因為模板費剛好就1萬日圓，完全不會造成負擔，重要的是拍照的費用可就不能小氣了。因為只要多花點錢拍照，網站就會變得有模有樣。此外，關於內容製作，一開始要盡可能降低成本，但等到生意上了軌道，為了不讓懂門道的客人流失，同時也為了形成一道競爭對手不容易打破的障壁，最好對內容的製作多加投資。並依類別加以整理，就能打造出一個以鎖定的關鍵字在搜尋排名中名列前茅的網站。

# 如何運用「Google Ads」打造「不碰面也能賺錢的生意」

## 靠「Google Ads」一帆風順的人，一百人當中也只有一人

接著來談Google Ads。Google Ads與其他行銷手段相比特別花錢，所以自己出資創業的人都不太想碰，但我反而認為，正因為它花錢才更應該做。

就像YouTube、Amazon、Google SEO一樣，除了初期的投資外，都沒花到什麼錢，到最後幾乎所有玩家都加入，造成過度競爭；但是像Google Ads這樣，如果持續花錢刊登廣告，最後只有覺得划算的優秀玩家才會留下，事業的勝敗以及事業的差距，都是由

Google Ads來決定的。

另一方面，我必須讓大家知道的是，靠Google Ads可以一帆風順的人，一百人當中也只有一人。就算在補習班業界來說也一樣，每年都有像是個人家教的人會試著刊登廣告，但大多都是失敗收場。在新冠疫情前，每個月都會有這樣的人出現。此外，過去都會刊登廣告的玩家，也因為新冠疫情而銳減許多。而在實際刊登廣告的公司當中，真正能因此賺大錢的，十家公司當中不知道有沒有一家。考量到這點，可以說想要靠運用Google Ads成功，無比困難。

那麼，該怎麼做，才能靠運用Google Ads獲得成功呢？

我每年的營收，是我支付Google Ads費用的十倍。這個經驗促成我寫《0接觸行銷術》這本書，接下來我會寫到小企業要如何運用Google Ads獲得成果。

## 「Google Ads」有一百多個讓人白花錢的陷阱

首先，身為廣告主的我們必須要有所認知的是，Google Ads有一百多個讓人白花錢的陷阱。舉個例子，Google Ads常出現「最佳化分數」這個指標，但這對我們來說幾乎無從幫助判斷，這是對Google來說的最佳化指標。如果照它說的去下廣告只會燒錢，不管等再久都不會有成果。因此，必須區分出Google說的部分哪個可信、哪個不可信，充分運用廣告，達到最佳CP值。

會有將近有上百個因聽信Google所言，結果造成損失的情況。不過，全說出來都可以另外出一本書了，所以在此就只介紹一個。如果沒做好廣告發布設定，Google會擅自開始將廣告頁以外的其他頁面做成連結，想藉此賺取點擊數。就像廣告絕對要將人們引導至詢問一樣，那麼只要將廣告頁的連結處只設定成詢問按鈕，這樣廣告費就會划算；但網站內的其他頁面可不是這樣，所以允許Google這麼做的話，會白白浪費廣告費。

另外，在設定廣告時，如果沒特別留心，則不光只有搜尋連動型廣告，就連展示型廣告也會一起發布。在展示型廣告中，如果是號稱「再行銷廣告」，因為是針對曾經造訪自己網站的人們發布的廣告，還會有一點效果。但最近因為歐盟的限制，要推出這種再行銷廣告，感覺是困難重重。此外，使用完全不考慮顧客是否造訪過網站的展示型廣告，想要達成好的結果，除非大幅調降點擊單價，否則很難達成，因此不適合小眾生意。

勢必得考量到這些因素來運用廣告，得到最佳CP值。

## 在「Google Ads」下，最重要的就是提高廣告CP值

首先，為了讓CP值達到極限，得明確指出該採用哪項指標才好。從根本的要素來看，作為展現廣告CP值的指標有以下幾種：

○**廣告來源營收對廣告費率（年計）**

○**廣告來源營收對廣告費率（月計）**

○**每一成營收的廣告費**

○**每一個體驗的廣告費**

○**每一個詢問的廣告費**

○**每一個點擊的廣告費**

○**每一個廣告曝光的廣告費**

例如電視廣告和夾報傳單等，是以「每一個廣告曝光的廣告費」來計算廣告費，所以只要是用「廣告來源營收對廣告費率（年計）」計算後覺得不合理（合理＝能保有足夠的利潤），就不該刊登廣告。

以我們的事業來說，學生們是在廣告期間前來參加體驗課程，會不清楚是哪次點擊促成這次的簽約。因此，能用Google追查得知的，就只有「每一個詢問的廣告費」；而另一方面，如果是購物的電子商務網站，使用AD EBiS（日本的評測廣告效果平台），便會自動算出「每一成營收的廣告費」，甚至是「廣告來源營收對廣告費率（年計）」、「廣告來源營收對廣告費率（∞）」。

不管怎樣，在使用Google Ads時，盡可能從中挑前述的指標來設定，比較能提高廣告的CP值。如果能以「廣告來源營收對廣告費率（年計）」來設計，最好就用「廣告來源營收對廣告費率（年計）」來設定，以我的情況來說，是以「每一個詢問的廣告費」來設定。

這時候，如果憑設定的單價完全無法發廣告時，會感到焦急而提高單價。不過，如果認定這已是合理的單價和充分的搜尋量，就算在一個月的時間裡幾乎都沒發布廣告，也還是應該維持不變的單價。在這段時間裡，就以Google Ads之外的方法來招攬顧客吧。

此外，當幾乎都沒發布廣告時，最好確認一下是否能準確無誤的取得顧客詢問的紀錄。

我在CrowdWorks上請過幾位工程師處理，記得當時費了好大一番工夫才找到真的能辦妥這件事的人才。如果不能取得準確的紀錄，要靠「每一個詢問的廣告費」來刊登廣告，會有點困難（而且最近Google似乎為了賺錢，什麼事都做得出來，所以靠點擊單價來設定，或許在每一個詢問的廣告上也會展現成果。但這方面需要審慎考慮）。

## 小氣就拉不高營收和利潤，揮霍則馬上出現赤字

廣告費拿捏的困難之處，在於「如果小氣，就提升不了營收和利潤；要是太過揮霍，則馬上出現赤字」。要想出適切的平衡點真的很難。那麼，我們來思考該如何設定廣告費吧。

首先，在思考廣告費時，應該參考的公式已整理成表2。調整好這個公式，就能決定出適當的廣告費。

在思考這個公式時，就算先假想出顧客終生價值，往往也還是會有很大的落差，所以在補教界會先算出年客單價（請套用各個業界的思考）。

表 2

## 應該以廣告費來檢視的公式一覽表

### ◉ 一個詢問單價

相對於一個點擊，能促成幾個詢問？

1個點擊單價 × $\frac{1}{詢問率}$

### ◉ 一個體驗單價

相對於一個詢問，能促成幾個參加體驗課程的人數？

1個詢問單價 × $\frac{1}{體驗課程參加率}$

### ◉ 一個簽約單價

相對於一個參加體驗課程的人數，能促成幾件簽約？

1個體驗單價 × $\frac{1}{簽約率}$

### ◉ 廣告來源營收對廣告費率（年計）

一件簽約單價在
全年客單價中所占的比率

年客單價 × $\frac{1}{簽約單價}$

### ◉ 廣告來源營收對廣告費率（∞）※

一件簽約單價在合約期滿結束前，
能創造多大利益

LTV（顧客終生價值，一生支付給本公司的總額） × $\frac{1}{簽約單價}$

※ 基本上，在簽約的第一個月如果就能回收廣告費，這是最好的情況。但最近競爭激烈，很難做到這點，因此以年為單位，甚至是以更長的時間來看廣告的CP值已成為常態。不過，對於年客單價和LTV，則有可能會與計畫有很大的落差，所以在創立生意時，最好也要先思考怎樣的模式能在簽訂合約的第一個月就回收廣告費。

年客單價的計算方式很簡單，就只是該年的營收除以該年的顧客人數，先假設一個人平均100萬日圓。要是在創業前還沒這項資料時，可調查市面上的其他同業的客單價資料，大致以一半到三分之一的金額來計算即可。因為如果是三分之一的價格，就算是無名小卒的企業一樣有競爭力；雖然半價感覺也還是有競爭力，不過，這當中存在著信用的差距。所以用嚴格的標準來看，大致以三分之一的年客單價來計算，就此得出表3。

如何？一口氣提高到能容許的最大一次點擊單價。像醫學美容診所似乎也實際採用這樣的點擊單價來招攬顧客。光是實際點擊一次，就幾乎得支付Google跟一份燒肉定食差不多的單價。這背後是經過仔細計算，覺得划算才行動的。你勢必得和懂得這樣計算的對手（也就是優秀的競爭對手）正面競爭，所以Google Ads真的很燒錢。

表 3

## 年客單價為100萬日圓時的廣告費

### ◉ 廣告來源營收對廣告費率（年計）

$$\frac{\text{年客單價（100萬日圓）}}{\text{1個簽約單價}} = \text{廣告來源營收對廣告費率（年計）}$$

※想將廣告費率壓在10%以內時，1個簽約單價為10萬日圓。

$$\frac{\text{年客單價（100萬日圓）}}{\text{1個簽約單價（10萬日圓）}} = \text{廣告來源營收對廣告費率（年計）（10\%）}$$

### ◉ 一個體驗單價

1個體驗單價（5萬日圓）×（1／簽約率（50%））
＝1個簽約單價（10萬日圓）

### ◉ 一個詢問單價

1個詢問單價（2萬5000日圓）×（1／體驗課程參加率（50%））
＝1個體驗單價（5萬日圓）

### ◉ 一個點擊單價

1個點擊單價（1250日圓）×（1／詢問率（5%））
＝1個詢問單價（2萬5000日圓）

## 適當的平衡是

# 「如果以鎖定的關鍵字來搜尋，第一次總是顯示在第一位」

能容許的單價就是這樣決定的。說到能容許的單價，會受到每個月的詢問率、體驗課程參加率、簽約率、商品的客單價而有很大的影響，所以每次的仔細調整非常重要。

只要在大致計算出的單價範圍內刊登廣告即可。不過，為了防止明明能賺更多，卻錯失了能賺錢的機會，應該將目標設成**「如果以鎖定的關鍵字來搜尋，第一次總是顯示在第一位」**。這時不論是用手機測試，還是用電腦測試，都必須利用Google Chrome的無痕模式，確認排序的情況。用手機測試和用電腦測試，有時顯示出的排序會不同，但基本上，現在有八成的人都是用手機上網，所以只要用手機搜尋時能顯示在第一位，這樣第一次就算過關了；相反的，要是第二次、第三次也都顯示為第一位，那最好要懷疑自己是否刊登太多廣告、單價開的太高。就像這樣，雖然符合CP值，但徹底避免資金的浪費也很重要。

## 為了製作出比競爭對手優秀許多的廣告，該做的「一千次打擊」

此外，在剛才的公式下，有個「詢問率」的項目，這指的是看到廣告頁後有多大的機率會再主動詢問。要有相當高的機率，以詢問單價來刊登的廣告才有機會顯示在Google上。對Google來說，以最少的點擊（廣告欄），賺取最多的廣告費，這樣的廣告可說是求之不得。各位必須在腦中先有這樣的利害關係。

因此，我們必須製作出具有魅力的廣告頁，讓造訪我們廣告頁的人，大幅提升進一步詢問的機率。創業時和其他競爭對手不同，在毫無經驗和實績下，該如何製作出這種有魅力的廣告頁呢？

必須先做的是，至少要看過一千個廣告銷售頁，包含同業以及不同業界的其他公司在內，如果有出色的設計就全部截取畫面、整理成檔案。銷售頁可分為人稱「First View」，最早看到的部分，以及詢問、內文、介紹目錄的部分等各種要素，所以將每個要素截取下的圖片，分成不同檔案加以歸納整理非常重要。

然後對CrowdWorks的設計師說，我要這種感覺的設計、希望能這樣排內容的文字，傳達你的要求。如果開出一頁10萬日圓的價碼，會有十人左右前來應徵。當中有些工程師會以他人的網頁假冒是自己製作的。要加以分辨，就仔細看清楚作品集。那些騙人的工程師，明明自稱都是自己的作品，但作品集的風格卻紛亂不一，只要多看幾個人馬上就會察覺出來。只要委託應徵的十人當中，看起來比較正經的人就行了（話雖如此，我還是常上當。不過，每次的經驗值都會提升，就此學會分辨正經人的能力）。

在請託時，為了日後自己也能加以編輯，最好請對方設計成是文字在圖片上面，而不是直接與圖片合而為一。此外，關於銷售頁，各種商業資訊業者都會販售WordPress的製作工具，但還是別買比較好。隨著設備不同，排版會跑位而無法使用。我自己在製作銷售頁時，實際用過覺得不錯的，是名為yStandard的模版。

## 讓潛在顧客能長時間停留在網站的「吸引人的Google Ads廣告文案」寫法

要提高廣告的詢問率，寫出吸引人的廣告文案也很重要。吸引人的廣告文案有各種要素，不過，基本上來說，重要的**就是引起讀者共鳴的文章**。此外，也必須是**能點出問題點，加以解決的文章**（本書的文章，就是特別留意採用符合廣告文案的寫法。一開始針對讀者可能會好奇的主題，大致做出結論，之後再陳述理由的寫法）。

首先，在編寫廣告文案方面，最重要的是能引起讀者的共鳴。因此，對於你自己經手的商品，當然要比任何人都清楚，否則就寫不出有魅力的廣告文案。如果是鎖定大學入學考的講座，就要了解講座會提到的入學考；如果是不動產，就要了解該地區的不動產，你必須比任何人都清楚才行。

要談寫文章的技巧之前，始終都必須基於這個前提。有了這個前提後，你要準備一百個顧客會感到好奇的結論。這本書也是以這種感覺寫成，我準備了一百個這本書的目標讀者會感到好奇的結論，然後展開解說。在寫廣告文案時，也是同樣的方式。重要的是準備一百個用戶會感到好奇的內容、在意的結論，然後展開解說。反過來說，如果想不出一百個用戶會感到好奇的內容，我會認為你不該寫這個領域的廣告文案。

如果想出了一百個，就將這一百個依類型、時間順序排列。關於類型，可以事先歸納，所以我不多做說明。不過依時間順序排列的話，以入學考來說，指的是想要參加入學考↓製作審查文件↓接受筆試↓接受面試↓錄取，照這樣的時間順序排列。關於這本《0接觸行銷術》，我也是想到那些討厭與人接觸，但又非賺錢不可的人，努力以自己手頭的資金和能力，逐一去完成能做到的事時，會採取怎樣的先後順序。基於這樣的順序再加入相關的內容，寫出這本書的。

## 再怎麼學習文章技巧，也寫不出比「顧客歡天喜地的體驗記」更棒的廣告

此外，在寫廣告文案時，我們必須掌握的一個大前提是**「用戶原本就是幾乎不信任我們的廣告文案」**。廣告文案的難寫之處，在於面對「用戶不相信我們的廣告文案」、「用戶不看我們的廣告文案」或「用戶不會因我們的廣告文案而採取行動」，廣告主要如何與這類的不信任感對峙。

為了與用戶的不信任感對峙而不可或缺的是，要先想出一百個目標用戶會感到好奇的項目，再展開仔細解說。不過，更重要的是實際使用者喜悅的心聲。不管我們再怎麼用心寫文章，與實際使用者喜悅的心聲相比，可以說連它百分之一的價值都不到。不管再賣力，我們寫的文章絕對都贏不了體驗記。

因此，體驗記真的是一篇值千金。舉例來說，一般如果是以一字1日圓的行情外包請人撰寫，體驗記可以付十倍以上的價格，而且絕對划算。不過，如果只有體驗記的話，多的是造假的空間，基於這樣的考量，不妨採訪用戶、拍成影片。顧客那充滿喜悅的模樣，比任何文章都更有說服力。

## 要改善廣告相關的數值時，該注意的事

### ～重要的不是部分而是整體最佳化～

此外，在改善廣告相關的數值時該注意的是，比起部分最佳化，整體最佳化更重要。這到底是怎麼一回事呢，我就大致做個解說吧。

什麼是改善部分最佳化呢？只為了提升廣告點擊率、提升廣告詢問率、提升體驗課程參加率、提升簽約率、提升客單價，這些改善全都會讓你的事業觸礁。改善部分最佳化對事業

來說，別說是解藥了，有時甚至會是劇毒。我就舉幾個例子吧。

首先，在只為了提高廣告點擊率方面，有個例子是「魚目混珠的顯示」。舉例來說，有家補習班湊巧連續兩年達成慶大「入學模擬考」第一名的紀錄，而貼出「連續兩年慶應大學全日本第一的佳績」這樣的宣傳。這是用來誘導人們誤以為是上榜人數全日本最多的顯示方式；此外還有「早慶上智超過千人」，但那是一家新成立的補習班，剛好他們雇用的講師們，以前每年教出三十位考上早慶上智的學生，持續了三十年之久，基於這樣的背景而喊出的宣傳話術，但卻以此作為一家新成立的補習班實績，很不恰當對吧。

這種謊言，只要認真閱讀廣告文案就會看穿。用戶只會有種被騙的感覺，最後還是不會與他們簽約，這些補習班最後都被迫得退出Google Ads。

除此之外，還有只提升詢問率。比較典型的例子是只要登錄他們的網站，就送免費的贈禮，但這種做法有利有弊。這樣招攬來的不是詢問後會簽約的顧客，而是只想拿免費贈禮的人，有如此的副作用。重要的是招攬會簽約的顧客，而不是想拿免費贈禮的人，想到這點就覺得，詢問率是因為想拿贈禮的人變多而提升，居然還對此沾沾自喜的行為是真的愚蠢。

對於只為了提升體驗課程參加率、簽約率、客單價所做的事情也是同樣的道理。經營事業的最終目的是什麼？提高營收始終都只是讓事業得以維持、持續、發展的一種手段。當事業與顧客的利益不一致，不管能匯聚多大的營收和利益，早晚都還是會觸礁，不該做這種黑心生意。如果是升學補習班，就該將焦點擺在錄取實績，而不是營收和利益。因此，在我們的廣告中，對於該年錄取的實績，一概都不會讓考生重複刊登，這是非常重要的一點。

## 留意廣告相關支出

### ～雖顧客終生價值不會突然上升，但廣告費率則會～

此外，也來談談廣告相關支出應該注意的事項吧。那就是「顧客終生價值不會突然上升，廣告費率則會馬上上升」。

如同我前面再三強調的，Google在讓廣告主白白耗費成本這方面，可說是專家。世界最高水準的腦袋齊聚一堂日夜苦思，為了讓廣告主在廣告費上多花冤枉錢。因此，像我們這種自己辛苦出資的人，非得和Google正面對決不可。

Google有許多讓人掏錢的機制。例如他們會日夜不斷地向你顯示訊息，說你的競爭對手常刊登廣告哦、你現在輸了哦。身為廣告主，你需要有顆堅定的心，就算看了這種顯示，也要在心裡想「誰理你啊」。

**廣告重要的不是贏過你的對手，廣告重視的是能賺到錢。**

請將這句話牢牢刻印在心中。儘管將這句話深深刻印在心中，還是忍不住心想「這個廣告單價，我加以調整後客單價也會提升，所以就算我提高個兩倍應該也沒問題吧……」，而將廣告單價提高兩倍，廣告主這種生物就是無法擺脫這樣的愚蠢情境。所以請不斷在反覆心中默念這句話。

**廣告重要的不是贏過你的對手，廣告重視的是能賺到錢。**

## 高廣告CP值商品的打造法

### ～要投入製作無人插足但有賺頭的商品～

這道理和剛才談的內容也相通，不過，在商業上能帶來最大利益的不是競爭，而是獨占。經濟學家常說「競爭會為社會帶來豐饒」，但因競爭而帶來豐饒的是社會，不是你。當然了，替身為消費者的你帶來豐饒的確實是競爭，但能替身為生產者的你帶來豐饒的並非競爭，而是獨占。自己要以獨占產業享受身為生產者的豐饒，讓別人去徹底地競爭，自己則是享受身為消費者的豐饒。這種矛盾的生存方式，會為你帶來最大的豐饒。

只要這麼想，你在刊登廣告時該採用的戰略就很明確了。那就是「要投入製作無人插足但有賺頭的商品」，這對廣告來說也是一樣。其他公司覺得「沒賺頭」而棄之一旁，沒人肯發布廣告的市場才有商機。對新的加入者來說，既有業者放棄的機會存有很大的價值。不管怎樣都要緊緊抓牢，因此首先得賺取穩定的收益。

## 顧客點擊率高的廣告文案打造法
### ～最終目的是提高簽約率，重點是千萬別說謊～

讓我們思考如何在擬定整體最佳化行銷時，還能提高廣告文案點擊率的方法吧。

首先有個大前提，那就是千萬別說謊。不光這樣，也絕對別用會引人誤讀、誤解的表現。**因謊言而聚集來的顧客，將成為敵人。**就算前一、兩年沒嘗到教訓，以為這世界很好蒙混，但日後一定會留下禍根。因此，很重要的是絕對不能說謊。

或許有人會說，第一次刊登廣告如果不能說謊或引人誤讀的誇大廣告，那就沒什麼能寫的。像這種時候必須先做個區分，什麼是新加入者也能寫的、什麼是沒有相當程度的實績就寫不出來的文字。

不論是要刊登網路家教的廣告，還是要在電子商務上賣麵，有些事沒有實績就不能寫，有些則是新加入者一樣能寫。

例如像「考取〇〇大學者共〇〇人」這樣，如果沒有實績就不能寫對吧；而另一方面，如果是「免費提供二十五年份的考古題詳細解說」，就算是新加入者一樣能寫。如果是以電子商務賣麵，像「網路販售數量已突破一萬件」，如果沒有經驗和實績，就不能隨便寫。當然了，如果是電子商務，與有實績的經營者合作也是個辦法，但有時候一開始也沒辦法這麼做。如果是這樣，那就寫下事實，例如「大豆異黃酮是既有產品的三倍！」也是一種做法；

若擔憂強調功效可能會涉及藥事法，不過應該也有像「三餐都吃蕎麥麵，大幅減重！」這樣的寫法。總之，不要說謊，用坦率的表現方式，這在思考如何做整體最佳化時，也會促成點擊率的改善。

此外，在多個廣告文案下進行A／B測試（一種隨機測試法，以兩個不同的東西A和B進行假設比較）時，該注意的事項也都一樣。總之，如果試著在A／B測試下製作出十個範例，往往會錯誤判斷，寫出並非整體最佳化的廣告文案。在寫廣告文案時，雖然想到什麼就寫也不錯，不過應該要仔細思考，文案當中有沒有謊言、有沒有引人誤讀的表現方式、有沒有誇大的表現手法。

## 詢問率高的廣告文案打造法

### ～要讓對方有前來詢問的理由，隨時開放諮詢～

接著來思考如何提升詢問率吧。雖然談的是提升詢問率，但該注意的事項還是一樣。要重視的是怎樣才符合整體最佳化，所以並不是只要詢問度增加就好，而是必須獲得能促成簽約的詢問，甚至是促成簽下客單價高的合約。

因此，至少在這個階段下，要極力避免用免費贈品來釣顧客上門。與一般市面上教人如何製作商業資訊的指南書相反，可說是完全背道而馳，但這是從我平日親身實踐中得到的結論。我們的網站，在顧客要離開網站時會提供贈品，但隨時會出現的詢問鈕，以及引導顧客詢問的項目，都不會寫到提供贈品的事。這麼做所展現的成果為，減少專為贈品前來的詢問人數，增加以體驗課程簽約為前提的詢問。

## 讓詢問顧客簽約的方法

### ～以超乎預期的贈品攻擊，讓體驗顧客大受感動～

另一方面，想提升前來詢問的顧客簽約率時，贈品最好能大放送。尤其是像我們這種網路家教業，不管送再多教材，也花不了多少影印費，所以應該多送贈品。

送贈品的關鍵要領，在於要超乎顧客的預期。如果贈品和顧客預想的一樣，或是沒符合預期，那就太糟了。要讓對方心想「竟然會這麼無微不至」，不妨竭盡所能的讓顧客感動吧。能否做到這點，將是決定勝負的關鍵。

舉例來說，我們公司經營網路家教業，會舉辦為期十天的體驗課程。不光這樣，在體驗課程中，每天都會有二或三位講師打電話來關心。換句話說，這是超乎預期的體驗課程。以這種方式展開體驗課程後，當然會有顧客覺得合不來的講師，不過相反的，也會有覺得合得來的講師，就會促成簽約。

## 確實提供簽約顧客需要的服務
### ～「討厭與人接觸」而不拉業務，卻仍大賣的機制～

不只限於體驗課程，平時的所有溝通都必須超乎顧客的預期。例如能處理顧客提出的瑣碎需求。是否能明確的溝通，會決定顧客對公司的評價。而這樣的評價，不管經營多久，都不會改變。因此，與其雇用厲害的業務員，一味向人推銷，還不如在平時的行動上多用心，讓人無從批評才更重要。

我的公司內沒有業務員。但每年會舉辦四次為期十天，要價22萬日圓的集訓，向來都很快就搶購一空。每當名額額滿、集訓日期逼近時，就算還有人想要參加，我們也只能婉拒；或是重新租借會場，擴大規模，這幾乎已成了每年的慣例。明明沒有業務員，但為什麼能在網路上賣出這麼昂貴的商品呢？那是因為我平時一直都全力投入、保持溝通，尤其是遵守約定的溝通。當然了，我畢竟也是凡人，偶爾也會無法遵守約定，但這時候我都會誠懇地道歉，採取善後的措施，這點很重要。

最近在與各種顧客溝通的過程中，常覺得有很多人不會向人道歉。不過，誠心誠意地表達感謝、道歉，是人際關係的基本原則。這樣的人際關係基本原則如果能做到，就不需要任何業務技巧了。

事實上，我們公司在將要舉辦集訓時，就只是將介紹集訓的PDF檔寄給每一位學生。光這樣做，每年十天22萬日圓的集訓就能全部額滿。這不是拜業務技巧所賜，而是拜平日勤於跟顧客溝通所賜，拜誠實、率直與真誠所賜。

## 讓顧客能長期光顧的新商品打造法

### ～實體和網路生意的暢銷商品不一樣～

在第2章的最後，想來談談如何製作出能和顧客長保情誼的新商品。

我們的補習班主要的目標客群為大學考生。不過，考上大學後，仍繼續上英文課或是經濟學、企業管理學，或者是想轉去其他大學，而持續上行為學、心理學課程的學生，有一定的人數在。這件事就商業來看，會促成客單價提高；而從學生的觀點來看，這有助於實現更好的未來出路；從講師的立場來看，則是眼前出現一個能雇用他的場所，讓他發揮自己在大學的專業領域。

針對商品或業態思考時，必須很清楚商圈與單價的關係。基本上我們可以這樣看，商圈愈大的生意單價愈高，商圈愈小的生意則單價愈低。舉例來說，商品單價低的麥當勞所鎖定的客群範圍是半徑一公里，如果是郊外則是半徑三公里；而相對於此，顧客來自於全國，甚至是全世界的那些高級料理店或高級法國餐廳，則單價都很高，看了這點就會明白。

那麼，網路生意算是符合兩者中的哪一個呢？它顯然算是商圈大的生意。只要這麼想，在網路生意下該鎖定的目標就已經很明確了。舉例來說，如果是經營英語補習班，就要接觸明明已考上慶應義塾大學，但仍想提高自己英語能力的學生。在日本對於在TOFEL iBT測驗中考出百分以上的學生，能展開更高階指導的補習班屈指可數。此外，如果是在大學的經濟學、企業管理學、心理學等科目有跟不上的情況時，幾乎沒有一家會對此加強的補習班。因為補習班的講師幾乎都是大學時代很混的人在擔任。而商機就存在於此。

# 第3章

# 「0接觸行銷術」的

# 外包的「0接觸行銷術」，以資產運用的觀點來看，也算是高獲利

## 資產運用觀點下的「0接觸行銷術」

這本《0接觸行銷術》一路看到這裡，想必有很多人會覺得，非得這麼拚命工作不可嗎？YouTube影片至少要一千支，如果有一萬支更好；文章至少要寫三千篇，如果有一萬篇更好；銷售頁至少要三十頁，如果有一百頁更好，累計下來約一百到三百萬字。雖然我書中寫的是「不碰面就能賺錢的方法」，但我可沒說輕輕鬆鬆就能賺錢，當然還是得付出龐大的努力。不過，這時候有個重點，那就是——這並不是你非做不可的工作。你要將「0接觸行銷術」看作是資產運用，將工作外包，那也完全沒問題。我在前一本著作中也曾詳細提到，

我有宿疾在身，無法勝任太沉重的工作量，所以雖然事業規模不大，但自從事業上軌道後，我都將工作委託給別人處理。

概觀現今日本的勞動市場會發現，新冠疫情緩和後人力不足的情形非比尋常。這問題歸究起來，是勞動人口少的緣故。所以移民的必要性，以及高齡者回歸職場的問題，才會開始拿出來討論。不過，關於我的「0接觸行銷術」，我認為和人力不足沒什麼關係。因為有精神方面困擾的人，不想出外工作、想在家工作，但苦於沒工作上門的情況相當多。

例如我在CrowdWorks上就只是發包一項小工作，結果短短一天就有約莫三十個人前來應徵。光是回覆應徵的人，也費了我好一番工夫。考量到現狀，想必在「討厭與人接觸」的業界，有眾多買家的市場仍會持續好一陣子吧。當事業相關的營收數字達到一定程度後，會確切知道到對應營收的外包工資標準是如何，只要在營收範圍內持續發包工作就行了。

此外，沒有錢的人一開始得靠自己來扛下工作量，但或許有人會說，我扛不下這樣的工作量。像這種情況，製作出一份特別出色的好內容，為它刊登廣告、招攬顧客，這也是個方法。就算你不太懂得怎樣才划算，只要一次點擊設在50日圓以下，刊登數量足夠的廣告，普遍都很划算。關於詳細的製作方式、廣告費的核算方式與計算，我在Google Ads的地方已經說明過，請回頭參照。

事實上就我所見，作為資產運用的「0接觸行銷術」，還比上市股票、未上市股票、不動產等等來得出色，算是高獲利。與其用理由來說明，不如在此舉幾個例子，來看看實際上投資多少、能回收多少。

我是「憂鬱症創業會」這個由患有憂鬱症的創業家組成的聚會主辦人，在此分享其中參加者的成功案例。

## 從早稻田理工科輟學的二十多歲女性，以Kindle賺進150萬日圓

第一位想介紹的是「炸起司沙沙美」小姐。先來說說她的經歷，她從早稻田大學理工學院數學系輟學後，在IT相關企業工作。後來因為諸多因素離開公司，現在是一位活躍的作家。她原本就有相當程度的IT素養以及天生聰慧的頭腦，雖然這些也幫了她不少的忙，她本身的工作速度非常快。我很少遇見工作速度像我一樣快的人，不過她寫稿的速度可能和我一樣快，甚至還在我之上。我覺得她很不簡單，所以透過朋友向某家大出版社的編輯引薦。一本書的出版，通常都是等到企劃出來之後，再花上一年左右的時間，所以也不知道甚麼時候出版。不過，她的工作速度飛快，可能半年就能完成（就算三天就寫好稿子，出版社還是得花上半年的時間才能出書）。

「炸起司沙沙美」小姐投入的是出版小說的電子書，這其實也算是資產運用的一種生

意。例如以10萬日圓委託寫出十萬字的小說時（如果是這個範圍的字數，那就是日本的行情價，她本人也說，會願意接下符合該費用的委託），一個月有1萬日圓的Kindle版稅入帳，這麼一來，月息百分之十、年息百分之一百二十，只要十個月投資就能回本了。基本上，如果有人提到月息百分之十的投資案，幾乎毫無例外都是詐騙；但如果是自己甘冒風險，增加能自己掌控的變數並以此展開事業，則月息百分之十不是夢。而且委託別人寫小說，能一併算進該年的開銷中，光只是持有，不會增加稅金。就這個層面來看，在免借款的情況下，像這麼好的投資可說是找不到了（附帶一提，不動產投資的優點，是儘管手頭沒有資金，但土地有它的擔保價值，所以有銀行肯貸款）。

就像這樣，只要肯背負風險就能賺錢。像「炸起司沙沙美」小姐這樣有高學歷，工作能力又強的人，付錢請她工作，享受她帶來的成果，這也算是「0接觸行銷術」的一種思維。

## 關西學院大學&早稻田畢業的三十多歲年輕創業家，以網購咖哩創造出千萬日圓以上的業績

接下來想介紹的是「咖哩店」。咖哩店？咖哩店不是非得和人接觸才能經營的工作嗎？或許有人會這麼想，但我要介紹的不是一般的咖哩店，而是網購咖哩店。在詳細介紹之前，我們先來看看咖哩店在日本是個怎樣的產業吧。

在日本咖哩店（至少是日本人吃了之後覺得好吃的日本風味咖哩）是寡占產業。是創業家，同時也是企業家的bot先生，在他的著作《金儲けのレシピ（賺錢的祕訣）》（實業之日本社）也曾提到，日本人吃了會覺得好吃的咖哩，都是向S&B食品和House食品這兩家公司買的咖哩粉。因此，就像CoCo壹番屋這樣，一旦變成大規模的公司後，最後的命運就是被這兩家公司的其中一家收購（CoCo壹番屋最後被House食品收購）。如果要擺脫這兩家公司的魔爪，就不能賣日式咖哩，而是必須像泰式咖哩、印度咖哩，或是金澤咖哩那樣，完全不同

風味的咖哩。但前者對日本人來說太辣，後者則是帶有焦味一點都不好吃，有其致命的缺點。因此，這時登場的就是這家「咖哩店」。

我的朋友，早稻田大學法學院畢業的「賀茂咖啡」先生，他與關西學院大學文學院哲學系畢業的「難民社長」一起經營「Khepri」，這是日本人吃了也覺得可口的咖哩。在特製的香料中拌入番茄罐頭、雞肉、洋蔥後，只要十到十五分鐘，就能製作出美味的咖哩，非常簡單。吃起來真的很美味，不會像泰式咖哩或印度咖哩那麼辣，也不會像金澤咖哩那樣帶有焦味，是能在平日大口享用的咖哩。

詢問後得知，這家公司用的香料並非向S&B食品和House食品這兩家公司進貨的。能做出這麼可口的咖哩，具有革命性的意義（光憑一般的努力絕對做不到）。從他們開始經營網購事業至今還不到一年，營業額已超過千萬日圓，感覺速度飛快、氣勢如虹。他們還投入店面事業和便當事業，氣勢愈來愈旺。我並不清楚關於香料的原價，不過，我向從事斯里蘭卡貿易的朋友詢問，他說這是很有賺頭的生意。

這就是咖哩香料的迷人之處，「誰都能製作出美味的咖哩」道盡了一切，根本不需要什麼職人般的技藝。因此，只要從這家公司購買香料，租一處空出的店面，從隔天起便能開一家咖哩店。如果是地方上的都市，相當多店面只要4到5萬日圓就能租到，這麼一來，只要30萬日圓左右就能開店。如此，賺取的營收全都能進自己口袋。只要這麼想，便忍不住覺得平日打工要是被炒魷魚，就可以輕鬆投入這項工作了。也可以試著平日白天在商業街上採取移動販售的方式經營，推薦以打工的感覺來創業。如果經營得順利，日後就改為雇人，自己悠哉的在家睡覺就行了。誰都會做的事就是交待給誰都可以，以資產運用來看，再也沒有比這更棒的生意了。

## 辭去錢少事多的網站總監工作，改為經營生意興隆的設計公司

此外，在需要資產運用觀點的行業方面，網站總監算是其中之一。網站總監只要具備資產運用的觀點，就會是個賺錢的工作；如果沒有則會整天忙著回收，可說是很拮据的行業。

網站總監大致可分成兩種。一種是在企業裡上班，錢少事多的網站總監。像這種情況（尤其是中小規模的企業），網頁製作公司的網站總監往往薪水少、工作繁重。尤其是沒有資產運用觀點的網站總監，顧客總會心想「就這麼點工作量，應該就值這樣的價錢吧」，而捉住這點不放，因此他們怎麼也無法提高價格。

另一方面，也有會賺錢的網站總監。那是懂得站在資產運用的觀點，做出網站建構提案的網站總監。在製作網站時，若是以作業量衡量費用的方式承包，則價格永遠也無法提高；不過，如果是以預期營收衡量費用的這種方式來承包，就能隨著商業模式大幅提高價格。

要能做出這樣的提案，個人必須與經營者有相當程度的親近關係和信賴關係，所以不管在CrowdWorks工作再久，也很難做到這點。我的本業不是網站總監，不過補習班裡考上大學的學生家長常找我諮詢，問我「有辦法用50萬日圓成立網站嗎？」每次我都會大致替他們估算金額，寄去給他們看，並告訴他們這樣需要多少預算和廣告費；如果顧客定期購買這樣的商品，會有多少的營收和利潤，大概○年○個月後就能回本。基本上，我不會對他們說這需要多少作業量，所以要花多少錢。因為網站總監不是我的本業，所以要是有人詢問我這方面的事，我會介紹其他專家給他們認識。不過，一開始能像這樣展開收支計算的網站總監，與不會這麼做的相比，也會展現出無法比擬的成果。

就這層含意來說，幫了我許多忙的「Usamisaki」事務所，不但工作速度快，還精通各種技術，總是以很划算的價格承包工作（甚至能替我考慮到怎樣才划算），是相當罕見的網站總監和網站設計師。他們在名古屋的市區大樓裡租了一間辦公室，經營交流空間和酒吧（聽說近日還想再加開一間，似乎經營得有聲有色），似乎只要常待在那裡，就能發掘工作機會或是得到啟發。我公司裡網站相關的工作，都是請這家事務所處理，所以要是常待在那裡，就會很清楚我們公司的網站或YouTube頻道的獲利機制。

## 試著從資產運用的觀點來思考Amazon印製T恤

我的朋友「Pikarun」，是一位投資家兼企業家。以日本股票為主，另外還投資了美國股票和不動產，並推展電子商務作為個人事業。這一節的主題「試著以資產運用（=委託別人賺錢）的觀點來思考各種生意」，這個構想來自平日我與Pikarun的對話。

對於日本股票、美國股票、不動產的投資以及電子商務事業，其他書本也有詳細的說明，所以在此我就不多贅述了。不過，我從Pikarun那裡聽到一件事覺得很有意思，那就是「T恤投資」。

「T恤投資」是什麼？舉例來說，各位在Amazon上購物時，可曾看過印有「已接種疫苗」這類奇特文字的T恤？那就是T恤投資。T恤投資家請印刷業者印製自己所構思設計的T恤，以一件不到1千日圓的價錢一次大量製作，再送往Amazon的倉庫，以一件2～3千日圓的價格賣出，賺取利潤。這項工作很重視品味，模樣普通的T恤一件也賣不出去；不過，太過標新立異，一樣也賣不出去。就這層含意來看，這可說是測試自己市場感覺是否敏銳的工作。不過，如果你不會自己設計的話，也可以在CrowdWorks上募集點子。製造交給RAKSUL，物流則全部交由Amazon去處理就行了。

我向Pikarun請教這項工作的祕訣，果然重點就在於「手頭要寬裕」。現今的日本，沒存款的人相當多，因此很多人只能花一、兩年的時間等待生意轉虧為盈，靠隔天入帳的微薄收入來勉強度日。正因為這樣，對稍微有存款的人來說，這是賺錢的好機會，所以存錢是不和人見面就能工作的第一步。

接下來會談到推展事業的利潤是從何而來，以及該怎麼做才能存到錢。

## 資本家的利潤是來自「有等待的時間」、「自己能掌控」

先要看的是，資本家的利潤是從何而來。我認為資本家的利潤是來自於**「有等待的時間」以及「自己能掌控」**這兩個預設。

一開始先來談「有等待的時間」，只要回想前面提到的Kindle出版一事，應該就很容易明白。看是要選擇馬上就有把握拿到的10萬日圓，還是要選擇有可能每個月都會入帳，但不太可靠的1萬日圓？這就得看是否「有等待的時間」。有可能每個月入帳，但不太可靠的1萬日圓，是手頭上有錢的人才會做的選擇。因為手頭寬裕，所以才能選擇可能每個月入帳，但不太可靠的1萬日圓。因此，在存錢的一開始，會選擇能馬上拿到的10萬日圓也是沒辦法的事，但勢必得慢慢改變想法，改為選擇可能會每個月入帳，不可靠的1萬日圓。

第二個是「自己能掌控」。剛才談到有可能每個月入帳，但不可靠的1萬日圓，但如果它太不可靠，不會入帳的可能性明顯較高時，就不該選擇。那麼，有可能每個月入帳的1萬日圓，究竟要怎麼判別可不可靠呢？

它有個判斷標準，那就是看自己能掌控的變數有多少。如果是剛才提到的Kindle出版，就試著改封面、內容、類型或是投注心思蒐集評論，自己能掌控的變數相當多。因此其實沒那麼難，至少以一個月為單位也好，能否提高收入端看你的努力而定。

而另一方面，如果是股票和不動產，一定會受當時的行情影響，行情不是自己所能掌控。就這層含意來看，這種投資可說是自己能控制的變數很少。不過，在暴跌時，如果能低價買進，接下來就很可能上漲，或是當作資產來有效運用。以大資本家的情況來說，如果是股票，他們就大量買進，直到足以掌握公司經營權的程度，這樣也能享受龐大的利潤；而如果是不動產的話，只要自己開始做生意，就能徹底提高該不動產的價值。

就像這樣，資本家的利益是來自於「有等待的時間」、「自己能掌控」。

## 儘管自己每月能自由使用100萬日圓，還是不該提高生活水準

當自己能自由使用的金錢，每個月高達100萬日圓時，就馬上想搬往高樓大廈的人相當多。像這樣的人，我還沒看過有哪位存得了錢。這種人在補教業界也相當多，他們常為籌措資金發愁、向人訴苦，最後連補習班也經營不善倒閉。

重要的是，就算自己能自由運用的金錢，每個月有100萬日圓，也不該提高生活水準。最好要徹底過著樸實節儉的生活。

我剛開始經營補習班時，住的房子一個月房租才3萬日圓。這個屋子只要擺出蟑螂屋，就能跑進一、兩百隻蟑螂；而我的大學同學住的房子，大多是8萬日圓左右的房租。不過，這5萬日圓的價差相當重要。如果以這5萬日圓當廣告費，就算只是用一般的方式運用，也能提高50萬日圓的營收，如果運用順利，甚至能提高100萬日圓的營收。

如果是這樣的營收規模，利潤全部由自己處理，那將會多出50萬日圓或100萬日圓的盈餘。這對推展眼前公司的事業，也會有很大的助益。

在存錢方面的一個重點，就是至少別把錢用在個人的生活上。在招攬顧客方面，一開始要極力在不花錢的情況下做好，最好能完美達成這個目標。唯有完美達成不花錢就做好的目標，才會懂得把錢花在什麼上頭才能獲利。YouTube Live要每天發布嗎？YouTube要每天更新兩部影片嗎？YouTube頻道上有多達一千部影片嗎？網站上的文章有多達三千篇以上嗎？在Amazon上出版了三十多本書嗎？YouTube影片的縮圖好看嗎？在Amazon上出版的書，裝幀漂亮嗎？網站的SEO做得周全嗎？為了讓網站在搜尋引擎上的排序能擠進前面，並且被大型媒體報導，是否盡了最大的努力？是否嘗試過運用社群平台？如果這些提問你都能回答「是」，那麼，你就算運用廣告也能展現成果。不過，如果有其中一項沒達成，最好先好好達成後再去碰廣告。

此外，關於生活水準，真的還是保持樸實節儉比較好。重要的是別浪費，最低限度是只要有屋子住、有飯吃，這樣就夠了。我在工作時都是穿西裝，所以全都是訂製西裝，但幾乎從沒自己買過私下穿的衣服。有學生看我這樣，可能是覺得看不下去，偶爾會主動送我東西。我的錢包、領帶、名片夾，這些小東西都是別人送我的。

因為出書的緣故，為了與編輯討論或是為了促銷而與名人對談等等，我才改搬往市中心。但如果可以，我反倒還希望以50萬日圓買在湯澤溫泉之類的休閒區大樓，或是從不想負擔固定資產稅或管理費的屋主那裡，以半買半相送的方式用100萬日圓買下，就此長住。因為我不會開車，所以目前這個計畫無法付諸執行，但從中看得出來我就是這麼小氣。就算是出外旅行，也只會挑選最便宜的時候預約機票，飯店也一樣。我都是看準時機，在最便宜的時候購買，所以才每個月都能出門旅行。總之，重要的是徹底做到樸實節儉、努力存錢。

# 為了不用工作也能養活自己，要懂得分辨誰能勝任必做不可的工作

## 要將工作委託給能幹的人時，「上等的粗茶」比「好茶的殘渣」要好

討厭與人接觸的我，包含講師在內，過去曾錄用過形形色色的人，在此寫下從中學到的經驗。

首先，我能清楚地告訴各位，**要委託工作給能幹的人，「上等的粗茶」比「好茶的殘渣」要好。**舉例來說，比起從知名升學高中考上非頂尖大學的人，那些從不知名高中考上不

錯大學的人，工作能力更強。以我們公司的實際案例來看，我一概不雇用從開成高等學校或灘高等學校（兩者都是日本的頂尖升學高中）考上慶應大學（醫學系除外）的人。因為他們在這兩間高中裡，很可能算是不會念書的人；而另一方面，如果是從默默無聞的新興宗教高中考上慶應的人，我會馬上雇用。因為此人很可能在該學校中，是很會念書的學生。「上等的粗茶」比「好茶的殘渣」好，是雇用人才時的一個重要標準。

此外，我不會和其他競爭對手在人才雇用上競爭。就像我前面所說，原本就慢了對方一步，要是和競爭對手一樣蓋校舍、打同樣的廣告、雇用同樣的人才，這樣我非輸不可。為了避免這種情形，必須和競爭對手採用完全不同的做法來工作。因此，我們公司的講師幾乎所有人都是室內派。我特別喜歡雇用不愛外出的人，而且從事的事業就只有「網路家教」。不管今後規模變得再大，也絕不會做蓋校舍這種事。

還有，在不喜歡外出、室內派的這類人當中，可以雇用到很優秀的講師。我也都很推薦他們參加活動，比如講師之間號稱「沒人涉足過」，在日本也只有菁英才參與的計畫；公司也會出錢讓他們參加有知名的經濟學者會出席的讀書會，非常鼓勵他們去體驗大場面。在這樣的環境下，能造就出強大的指導能力，遠非其他補習班所能模仿。

## 委託工作時，不能交給會說「我想做這個工作」的人

此外，在委託工作時，要留意一件事，那就是不能把工作交給說「我想做這個工作」的人。因為如果對方真的有心想做，卻沒在我開口委託前自己先去做，就很奇怪了，這種人往往都光說不練；真正想做的人，在我開口委託前就自己先做了。在「憂鬱症創業會」中，有人會說「我出版過這樣的書」、「做過這樣的生意」、「靠這樣賺錢的」，讓我覺得對方表現優異，我就會盡可能委託工作給他。此外，當這樣的人對我的工作感興趣時，我也會毫不猶豫地委託對方工作。

雖然我談的不是某知名運動品牌，不過在工作方面，講求的就是「JUST DO IT」。不論有再出色的學歷、看再多書，都不保證一定能成功，不過，唯有行動量是騙不了人的。一

天能寫三萬字的人，就算破產再多次，一定還是能存活下來。因為能達到這個工作量的人，每十個人當中才出現一個，只有過人的工作量能拯救自己。

## 工作速度快速與否，不會與工作報酬成正比

在工作方面有一種很要不得的模式，就是相信員工所說的「要是提高我的薪水，工作就會更有幹勁」，而調升薪水。以我的經驗來看，會說這種話的人就算提高了薪水，十之八九也一樣拿不出幹勁，所以等於白白浪費掉調升的薪水。工作能力高的人，不論薪水高低一樣能勝任工作，反過來也是一樣的道理。

速度就是金錢。委託的工作若能提早完成，就能提早獲得營收和利潤，月收益和年收益也會愈來愈好。因此，在委託工作時，截止日的設定要盡可能提前。以我的情況來說，基本上是請對方在委託後的三天內完成。如果不行，就只能委託別人。

反正工作截止日這種事，不論是設定一週後還是一個月後，大家都還是截止日三天前才開始動工。如果是這樣，工作的截止日最好就設定在三天後。只將工作委託給能接受這個條件的人。

## 要讓工作速度提升到最快，必須自己先有以最快速度工作的經驗

有人會說，將截止日設定在三天後實在太嚴苛了。說這種話的人，可能是從沒試著自己做過，委託給他人的工作內容吧。

只要閱讀商業書就會發現，很多書都寫得一副好像只要把工作委託給別人處理，就能輕鬆賺大錢，看了都令我感到驚訝。不過，這也是沒辦法的事。委託別人的工作，除了需要高度技術的工作外，都應該試著自己做過一遍，仔細掌握得花費多少時間。尤其是會嚴重影響

自身事業顧客滿意度的部分，更是不能馬虎。如此才可以大致知道得開出多高的單價發包出去，也才會知道驗收時該針對哪個部分檢驗，提升商品的品質。

**特別重要的是，委託出去的工作，自己要先有以最快速度做過的經驗。**一看就會知道發包的工作要在最快速度下完成，該投注怎樣的心思、哪個部分可以稍微放水、哪個部分不能放水。

## 為了以最快速度完成工作，需要加以切割為能被套用的單純作業

在某種程度下試著自己做某項工作，你便會明白，原本認為只是單一項的工作，也能細分成幾項工作。這個發現在以便宜的價格委託別人工作時，是非常重要的。

基本上工作這種事，只要你想將整個流程全部交給別人處理，價格就會變貴。舉個例子，如果只是說一句「請製作出高人氣的YouTube頻道」，就完全丟給對方去處理，價格肯定不斐。然而，這個製作高人氣YouTube頻道的工作，如果分割成十個，逐一分開請人處理，就不會花太多成本。不論是網站、廣告還是書籍製作，此道理可說一律適用所有工作。

像建設公司這類的生意也是如此，將大型工作分割成小型工作，發包給下游廠商，這樣的工作最容易獲利。**因此，工作時首先該做的事，就是將工作加以切割，套用單純的作業，接著以划算的單價找尋肯承包的人。**為了做到這個重點，首先得試著自己動手做。看書也學不到的事，只要仔細觀察競爭對手，試著自己動手做便會明白。

## 在工作派得上用場的，不是企管學而是經濟學

為了從事全新的生意，而從這本書起頭，開始閱讀商業書，這也是個好開頭。不過，我認為比起任何商業書或企管學的書籍，真正派得上用場的，還是學習經濟學。

因為商業書中所寫的內容，往往都是只在某個特殊的情況下才能成立。例如暢銷的商業書《基業長青》（繁體中文版由遠流出版），書中只提到美國上市公司的例子；另外也有像《追求卓越》（繁體中文版由天下文化出版）這類的書，書中只提到有辦法委託麥肯錫的大企業所發生的故事。在建立中小企業時，這類的故事能幫上多大的忙是個未知數。像六標準差（用來管理品質的架構）之類的，也是這類故事的一部分。美國的經濟學家麥可・波特（Michael Porter）的競爭策略，寫的是在各種規模的業種都能派得上用場的內容，但也可以說他寫的都是理所當然的事。如果是一位聰明的經營者，好歹都會看過他的《競爭策略》（繁體中文版由天下文化出版），就算讀過這本書應該也不會有多大的優勢吧。

從這點來說，閱讀經濟學的教科書，在確保商業的優勢上，令人意外地是個好選擇。雖然實際上很多教科書寫得生硬難啃，但我個人推薦格倫・哈伯德（Glenn Hubbard）的著作《Economics》（日本經濟新聞出版社）。他是一位美國極具代表性的經濟學家，在日本是由竹中平藏老師和真鍋雅史老師負責翻譯。竹中老師雖然是備受批評的經濟學家，但若說到將個體經濟學當作是指導賺錢的教科書，我認為日本人閱讀竹中老師翻譯的經濟學入門書，生意似乎會隨之好轉，值得推薦。

經濟學在很多場面下都能在經營時派上用場。話說回來，它對於做小生意時會面對的各種行動，都加以網羅分析，有許多部分值得參考。例如我在書中介紹「要避開完全競爭市場，靠自己去打造另一種不同的市場」的構想，就是來自閱讀這本經濟學教科書的經驗。

## 希望不要先入為主地判斷，這是讓生意上軌道的要訣

過去我也贈送哈伯德的《Economics》給許多上榜的學生。不過，因為譯者是竹中老師，有些家長聽了之後為之皺眉。請容我說句冒犯的話，這樣的人不適合做生意。

做生意最重要的，就是對既有的固定觀念抱持懷疑。藺居族真的無法工作嗎？竹中平藏真的就是壞蛋嗎？唯有自己調查（第一手資料）、試著去做，親身體會對做生意才有幫助。

話說回來，做生意這種事，就是將世人不認為有價值、別人便宜買進的東西，自己也便宜買進，再用自己的方式加工後高價賣出。我大學時代是在慶應SFC就讀，在經濟學的課堂上向竹中老師學到的知識，對於寫這本書有很大的助益。正因為這樣，我也都會送學生們哈伯德的《Economics》來當作祝賀他們考取的禮物。另外，在我們公司裡工作的講師，我也會出資讓他們參加竹中老師的讀書會。一個月各在東京和大阪舉辦一次，我也幾乎都會出席。至少我相信竹中老師在公共政策領域上的工作表現，有他的價值存在。

重要的是得對先入為主的觀念抱持懷疑。變成繭居族，人生就完蛋了嗎？與人見面就會疲憊不堪的人，就沒辦法賺錢嗎？請試著自己調查（第一手資料）、去做，試著親身去驗證。世人所批評的事物、受鄙視的事物、被認為價值很低的事物，是否真的就沒價值呢，請自己去思考。而當你會覺得「不對，這東西應該有它的價值」時，請試著將它賣給別人。如果暢銷的話，一定會有很高的利潤，而這筆利潤應該會為你的人生帶來很大的助益。

# 為什麼現在「0接觸行銷術」很重要？

## ～代替「結語」～

### 新冠疫情是讓「討厭與人接觸」轉為「致富」的號角

我寫這本書最直接的契機，就是新冠疫情。這場疫情本身明顯是一場災難，但一些在大企業任職的大學時代學弟妹們，很多人都跟我說「在新冠疫情下，可以不用和職場上的人見面，在家工作真的很棒」。實際上，在新冠疫情下，有一些四十多歲的大企業正職員工主動跟我聯絡，詢問是否有工作可以讓他們幫忙。而且不知為何，他們都是在公司的上班時間（？）幫忙剪輯影片，我也從中感受到時代因疫情而有了很大的變動。

新冠疫情帶來的變化，不僅滲透進職場裡，也包括了家庭，例如網路超市。沒必要搬運沉甸甸的貨品，也不用開車到超市，只要按一下就能買到想要的商品。網路便利商店也一樣，網路購物原來這麼輕鬆！每天都是驚喜。只要嘗過一次輕鬆的滋味，就再也回不去了。

這可能是從二次世界大戰結束以來，最大的一次世界變動。新冠病毒是來自中國的病毒，但它和一九四五年來自美國的燃燒彈和原子彈，將全日本的大都市化為一片焦土的歷史一樣，二〇二〇年的新冠病毒逼得日本主要大都市的店家都一一歇業。在這樣的變動中，我們應該學習什麼，不妨試著回顧歷史吧。這當中暗藏著「討厭與人接觸」的我們搖身一變成為「富人」的啟發。

## 第二次世界大戰後，為什麼日本有很多外國人發大財？

第二次世界大戰結束時，我們的祖先是生活在一個怎麼樣的社會呢？毋庸置疑地，整個社會的前提起了很大的變化。

例如糧食的調度。在第二次世界大戰中，日本的糧食調度全靠配給。想要的東西沒辦法用錢買下，如今細想，那是很不方便的制度。戰爭結束後只要去黑市，隨時都能買到想要的東西時，又是一次很大的轉變。

那麼，掌控黑市的又是一群怎麼樣的人呢？對此有各種說法，當中較有力的指稱，那是一群戰時在日本備受歧視的外國人。戰時受日本支配，被當作二等國民、三等國民對待的外國人，在日本戰敗後搖身一變成為一級市民，在糧食資源的物流方面發揮很大的力量。

這幕光景在二〇二〇年的日本具有什麼意義呢？在日本的外國人＝拒絕上學的學生、繭居族、憂鬱症患者等等「討厭與人接觸」的社會適應困難者，而黑市＝網路，就像這樣，只要稍加聯想，就能清楚看出今後的社會樣貌。

**也就是說，過去因為「拒絕上學」、「繭居族」、「憂鬱症」，而遭受歧視的人們，其生活方式直接變成人們口中的「防疫新生活」。**

過去人們對於足不出戶的生活樣貌感到困惑不解，但我從十五歲到現在三十歲這段時間，一直都是維持「宅在家」跟「防疫新生活」，所以疫情發生時只是過著和平時一樣的生活，再輕鬆不過了。我本身沒什麼改變，但想透過網路雇用家教的顧客變多，事業也變得一帆風順，存款也將近增加為新冠疫情前的三倍之多（寫前一部著作《即使憂鬱，也能創業活下去》時，我寫的是新冠疫情前的兩倍，但後來過不到半年，已增加到將近三倍之多）。

如今走在新宿車站前，可以看到燒肉店和柏青哥店的大樓。這些都是一九四五年前在日本備受歧視的外國人所擁有的大樓。我夢想著新時代的到來。因為「討厭與人接觸」而只能「網路創業」的我們，或許再過百年後，這些大樓會成為我們的子孫所有（前提是得先有後……）。我對這樣的未來抱持夢想，今天一樣做好自己能做的每一件事。寫這本書也算是其中之一。

## 在此做個預言！新冠疫情後，將會出現許多「討厭與人接觸」的大富豪！

唯一會永遠持續的，只有變化。

這是岡倉天心（日本近代知名的思想家兼美術運動倡導者）的名言。我大學時代的恩師也很喜歡用這句話來表現。

帶來經濟變化的，向來都是「傳統體制外的人」。因為不在既有的秩序內，所以才非創業不可。如果能照既有的秩序生存，和一般人一樣在公司裡工作反而還比較幸福。但正因為並非如此，才會自行創業或是在公司內成立有風險的新事業。

過去在日本社會中，誕生出許多大富豪。他們很多都是外國籍或是沒有學歷，至少在社會上是不被人們當作一等市民看待的一群人。但他們靠自己的努力構築財富。

而另一方面，也有人失去財富。日本史中有個名詞——「武士的經商法」。江戶時代之前的武士，身分就像現今的公務員一樣，但從明治維新以後就失業了。不得已只好做起新的生意，但他們原本的公務員脾氣未改、沒有做生意的頭腦，所以屢屢碰壁，最後逐漸沒落。我老家仙台一家由當地名門經營的飯店，在疫情下也被迫關門。今後歷史將會一再發生。

在這種情勢下，大家口中的「拒絕上學」、「繭居族」、「憂鬱症」，我們這群備受歧視「討厭與人接觸」的人們，該怎麼行動呢？昔日從焦土中振興經濟，就此打造出億萬財富的偉大前輩，正是現代的我們應該學習的對象。首先，最重要的就是聚集人馬。有困難時，只要有一處可以商量討論的場所，人們就能夠變強。就算自己一個人苦思、行動，也不會有什麼像樣的結果，不過，如果同樣是自立創業的人們聚集在一起，要做什麼都不成問題。

於是我成立了名為「憂鬱症創業會」的團體。一概不需要參加費，參加的條件是對《0

接觸行銷術》寫下千字的感想，以Twitter訊息的方式傳到我的帳號。例如想到什麼做生意的點子就留言給我，結果約有三十位有點憂鬱傾向，但很努力做生意的創業家和未來的創業家們，馬上就回覆我訊息。我深信有這樣的團體，是邁向大富豪之路的第一步。

## 教室裡的小混混和街頭的流氓變少的原因

### ～當小混混在令和時代沒有工作維生～

如今是不適應社會的人會很辛苦的時代。

回想自己的國高中時代都沒半個小混混，至少在我老家仙台，幾乎看不到流氓（因為仙台是個景氣差到連流氓都不想住的城市……）。也就是說，就算自覺是個不適應社會的人，也不知道該怎麼擺脫社會。我從幼稚園起就完全不想和朋友親近，但還是知道要用功念書，在仙台進入最頂尖的高中就讀，雖然考不上東大，但姑且還是考上了慶應大學，繼續升學。

進大學後，周遭的同學都氣質出眾，MacBook Air說買就買，每次放假就出國旅遊。這樣的朋友令我感到自卑，心想自己應該是沒辦法像他們那樣平步青雲，就這樣度過那段學生時代。當時是民主黨執政，日本的經濟治理得一團糟，有些讀書會裡的優秀學長姐們也找不到工作。看到他們的情況，唯恐自己會找不到工作變成啃老族。因為不希望如此，於是退出讀書會，決定在求學期間自行創業，一個人展開孤獨的旅程。跌跌撞撞走來，日後雖也未必順遂，在經歷許多失敗後，結識了幾位和我相似的學弟妹們，好不容易展開自己的事業。

**正因如此才在此提出，指引一條既不是當小混混或流氓的第三條路、不適應社會的人唯一能得救的「0接觸行銷術」之路，也就是當網路創業家，或是活用網路在企業中求生。**

現在已不是小混混的時代。現在如果噴發引擎廢氣飆著摩托車，就會被說「去換輛電動車吧」；如果車子的排氣管隆隆作響，就會被說「你違反永續發展目標」。時不小混混與。不過，正因為是這樣的時代，應該要有個符合時代的生存方式以及榜樣，可以讓不適應社會的人參考。我抱持著這樣的心情，仿效昔日尾崎豐和氣志團寫歌詞，寫下了這本書。

## 朝「0接觸」湧來的困難，多不可數！

如果你「討厭與人接觸」或是排斥和人見面，在現今勢必會面臨很大的困難。坦白說，這類人在現代社會裡有一定的人數，但繼續堅持這個原則，在現代社會應該會很難生存。

舉工作為例來看，儘管發生了新冠疫情，但眾人聚在一起工作的模式還是沒有改變的跡象。想到辦公室的房租，怎麼想都還是讓員工在家工作比較輕鬆，但不知為何，世上的公司都還是想讓員工到辦公室上班工作。

不過，就算把不做改變都歸咎於世人也沒有用。在政治或流氓的世界，也是如此，之所以沒改變是因為年輕一輩軟弱，要是態度強硬、全力反抗，一定能打倒守舊派。這道理我是從電影《極道之妻》中學到的。二〇二一年秋天，我聽說野田聖子女士出馬角逐日本自民黨總裁大選，雖然沒什麼關聯，但我突然沒來由地很想看這部電影，就熬夜一口氣看完。

想要堅持「0接觸」的原則，就只能努力讓世人知道「0接觸」才會賺錢。如果由一位「討厭與人接觸」的社長成立的公司風光上市，則美國的國際金融資本也不得不承認「0接觸」的威力。這麼一來，全球的立場都會轉為對我們有利的方向，雖然討厭與人接觸，但一樣能快樂生活的社會將就此實現。

## 「政治」不會解決你的問題！只有「做生意」、「努力工作」、「以工作展現成果」，才能解決你的問題！

雖然有點畫蛇添足，但還是提醒各位注意，**政治不會解決你的問題**。我透過Twitter觀察似乎過得很痛苦的一群人，發現某天他們突然轉為沉迷政治，而且這種人還不少。但我在大學學過一點政治，所以知道這世上再也沒有比政治人物更不值得信任的人格了。話說回來，日本政治人物從自民黨到日本共產黨，全都是懂得看氣氛、喜歡接觸人群的一群人，就算在新冠疫情下，他們依舊不戴口罩、到處喝酒，這種人當然不能信任。不論是自民黨還是日本共產黨，都無法解救你痛苦的生活。而日本政府當然也不會解救你痛苦的生活。

話說回來，所謂的政治是多數決。在多數決下，我們這種「討厭與人接觸」的人就處境尷尬了。因為不管怎麼說，世人大多還是喜歡直接與人見面，不戴口罩、到處喝酒。以人數來說，喜歡到處喝酒的人和不喜歡的人，比例大約是九比一。如果有玩Twitter的話，往往容易對此有誤解，不過這種人在社會上占絕大多數。

我們想要在這種情況下生存，絕對不能期望政治。不論加入自民黨還是日本共產黨，從加入的隔天起，就必須每天和人們一起到處喝酒。以前我曾立志學習公共政策，學過一段時間後放棄了，所以我可以如此斷言。如果是執政黨，就能去比較高檔的店喝酒，如果是在野黨，則是去大眾居酒屋，就只有這樣的差別。政治解救不了你痛苦的生活。

「政治」不會解決你的問題！只有「做生意」、「努力工作」、「以工作展現成果」才能解決你的問題。「做生意」是很棒的一件事。不論是每十個人當中有一人會買你的商品，還是每一百個人當中只有一人會買你的商品，生意都還是會持續發展下去。就算只將目標鎖定在生活痛苦的人、「討厭與人接觸」的人，以此做生意，還是能生存下去，甚至能成為一位小富翁。雖然不知道能否成為大富翁，不過我目前正在實驗。如果能成為大富翁我會再寫一本書，到時請務必參考看看哦。

## 「行銷」能解決「討厭與人接觸」的絕大多數問題！

如果討厭與人接觸就會面臨許多困難。從幼稚園到高中有可能會被霸凌，沒處理好的話甚至連上了大學都還如此。也許求職也會處處碰壁、可能無法和人交往，也無法結婚。這樣當然不會有孩子、也不會有孫子。討厭與人接觸的人想要生存，在現今這個社會真的很難。

因此，需要的是「行銷」。如果還是和平常一樣過日子，什麼也不會改變，所以這時候「行銷」顯得尤為重要，尤其是不用和人接觸也能養活自己的「0接觸行銷術」。

這世上最難雇用到的人，就是能想出商品暢銷機制的人。世上最欠缺的不是工程師、也不是土木作業員，而正是「能想出商品暢銷機制的人」。只要招聘後就會明白，工程師或土木作業員，不管人力再怎麼不足，只要支付多出市場行情一倍的薪水就雇用得到。要確認對方是否有認真工作，自己也要具備相當程度的知識，不過還是雇得到人。但無法雇用「能想出商品暢銷機制的人」。因為這種人沒必要受雇於你，他自己做生意比較有賺頭。

**因此，你應該先學會的，是「如何設計出商品暢銷的機制」。**只要能學會，不管多麼不適應社會，也還是過得下去。以大部分情況來說，其他工作只要付錢就能交給別人處理。

## 學會將「繭居族」轉換成「一天二十四小時、全年無休應對」的工作能力！

最後，「0接觸行銷術」到底是什麼？

**它能將「繭居族」轉換成「一天二十四小時、全年無休應對」。**隨著看法不同，對事物的評價也會有很大的改變。就算你現在並非在學，也沒有任職的公司，但只要學會「0接觸行銷術」，你就會有無限可能。就算沒學歷，也能成為多媒體的社長、證券公司社長，或是號稱「第二警察」的徵信社社長。因為世上大部分的能力，都是花錢就雇得到人。只要知道「如何想出商品暢銷機制」，其他不懂得如何想出這項機制的人，大多花錢都雇得到。因此，一點都沒必要因為沒學歷、沒工作經歷而感到羞恥。

首先要展開行動。凡事皆是如此，不試著做做看就不會明白。有很多人在看完這本書之後，心想「原來還有這種做法啊，值得參考」，然後就此把書闔上。如果有十萬人看這本書，大概就有九萬九千九百九十九人會這麼做。

我希望你能親身實踐。

如果你是那位實踐的人，而且在做出成果前持續努力不懈，你的嘗試一定會成功。

我在此為你聲援，加油！

此刻的我能傳達給你的啟發，全都寫在這本書裡了。日後遇到什麼困難時，請一再回頭重看這本書，裡頭會有能為你帶來啟發的內容。

# 主要參考的文獻資料

●安田隆夫(二〇一五年)《安売り王一代　私の「ドン・キホーテ」人生》　文藝春秋
●大山健太郎(二〇二〇年)《いかなる時代環境でも利益を出す仕組み》　日経ＢＰ
●格倫・哈伯德(Glenn Hubbard)、安東尼P.・歐布萊恩(Anthony P. O'Brien)(二〇一四年)《ハバード経済学(全三巻)》　竹中平蔵、眞鍋雅史譯，日本經濟新聞出版
●中田達也(二〇一九年)《英単語学習の科学》　研究社
●米爾頓・傅利曼(Milton Friedman)、羅絲・傅利曼(Rose Friedman)(二〇一二年)《選択の自由[新装版]　自立社会への挑戦》　西山千明譯，日本經濟新聞出版
●金偉燦(W. Chan Kim)、莫伯尼(Renée Maubogne)(二〇一五年)《[新版]ブルー・オーシャン戦略》　入山章栄監譯，有賀裕子譯，ダイヤモンド社
●麥可・波特(Michael E. Porter)(一九九五年)《[新訂]競争の戦略》　土岐坤、中辻萬治、服部照夫譯，ダイヤモンド社
●正垣泰彦(二〇一六年)《サイゼリヤ おいしいから売れるのではない 売れているのがおいしい料理だ》　日本經濟新聞出版
●柳下裕紀(二〇二一年)《眞のバリュー投資のための企業価値分析》　きんざい(kinzai)
●稲盛和夫(二〇一四年)《京セラフィロソフィー》　サンマーク出版
●木下勝寿(二〇二一年)《売上最小化、利益最大化の法則　利益率29%経営の秘密》　ダイヤモンド社
●えらいてんちょう(二〇一九年)《ビジネスで勝つネットゲリラ戦術詳説》　ＫＫベストセラーズ
●土居健太郎(二〇一五年)《10年つかえるSEOの基本》　技術評論社
●えらいてんちょう(矢内東紀)(二〇二〇年)《とにかく死なないための「しょぼい投資」の話　お金がなくても生き抜こう》　河出書房新社
●川勝宣昭(二〇一六年)《日本電産永守重信社長からのファクス42枚》　プレジデント社
●川勝宣昭(二〇一六年)《日本電産流「V字回復経営」の教科書》　東洋経済新報社
●田村賢司(二〇一七年)《日本電産 永守重信が社員に言い続けた仕事の勝ち方》　日経ＢＰ
●橋下徹(二〇一九年)《実行力　結果を出す「仕組み」の作りかた》　ＰＨＰ研究所
●田中修治(二〇一八年)《破天荒フェニックス　オンデーズ再生物語》　幻冬舎
●傑瑞米・里夫金(Jeremy Rifkin)(二〇一五年)《限界費用ゼロ社会　〈モノのインターネット〉と共有型経済の台頭》　柴田裕之譯，ＮＨＫ出版
●加藤友康(二〇〇五年)《事業。復活のシナリオ　ビジネスリキャスティング》　元就出版社
●梁石日(一九九八年)《血と骨》　幻冬舎
●事業家ｂｏｔ(二〇二〇年)《金儲けのレシピ》　実業之日本社

**林直人** Naoto Hayashi

1991年出生於宮城縣。仙台第二高等學校畢業。從15歲起成為繭居族，靠自學考上慶應義塾大學環境資訊學院（一般入學考，英語考試）。

大學在學期間製作讀書App，自行創業，失敗收場。

之後設立每天指導10分鐘的網路家教「每日學習會」。運用網路行銷招攬學生。

每年指導上百名學生，以早稻田、慶應、上智等大學為主，成功考取的學生眾多（2021年實績＝考取早慶上智有38人）。著書有《即使憂鬱，也能創業活下去》（青丘文化）等等。

**日文版工作人員**

| | |
|---|---|
| 封面插畫 | fancomi |
| 內文DTP | 加藤一来 |
| 編　　輯 | 白戸翔 |

# 0 接觸行銷術

活用 YouTube、Amazon、Google 三大平台，
不用交際、不拉業務也能賺進大把訂單

2022 年 12 月 1 日初版第一刷發行

| | |
|---|---|
| 作　　者 | 林直人 |
| 譯　　者 | 高詹燦 |
| 編　　輯 | 吳欣怡 |
| 封面設計 | 水青子 |
| 美術編輯 | 黃郁琇 |
| 發 行 人 | 若森稔雄 |
| 發 行 所 | 台灣東販股份有限公司 |
| | ＜地址＞台北市南京東路4段130號2F-1 |
| | ＜電話＞(02)2577-8878 |
| | ＜傳真＞(02)2577-8896 |
| | ＜網址＞www.tohan.com.tw |
| 郵撥帳號 | 1405049-4 |
| 法律顧問 | 蕭雄淋律師 |
| 總 經 銷 | 聯合發行股份有限公司 |
| | ＜電話＞(02)2917-8022 |

國家圖書館出版品預行編目(CIP)資料

0 接觸行銷術：活用YouTube、Amazon、Google三大平台,不用交際、不拉業務也能賺進大把訂單/林直人著；高詹燦譯. -- 初版. -- 臺北市：臺灣東販股份有限公司, 2022.12
252 面；14.7×21 公分
ISBN 978-626-329-593-3（平裝）

1.CST: 網路行銷 2.CST: 電子商務 3.CST: 行銷策略

496　　111017340

**NINGENGIRAI NO MARKETING**
**by Naoto Hayashi**